生活因阅读而精彩

生活因阅读而精彩

墨石/著

从容，遇见更好的自己

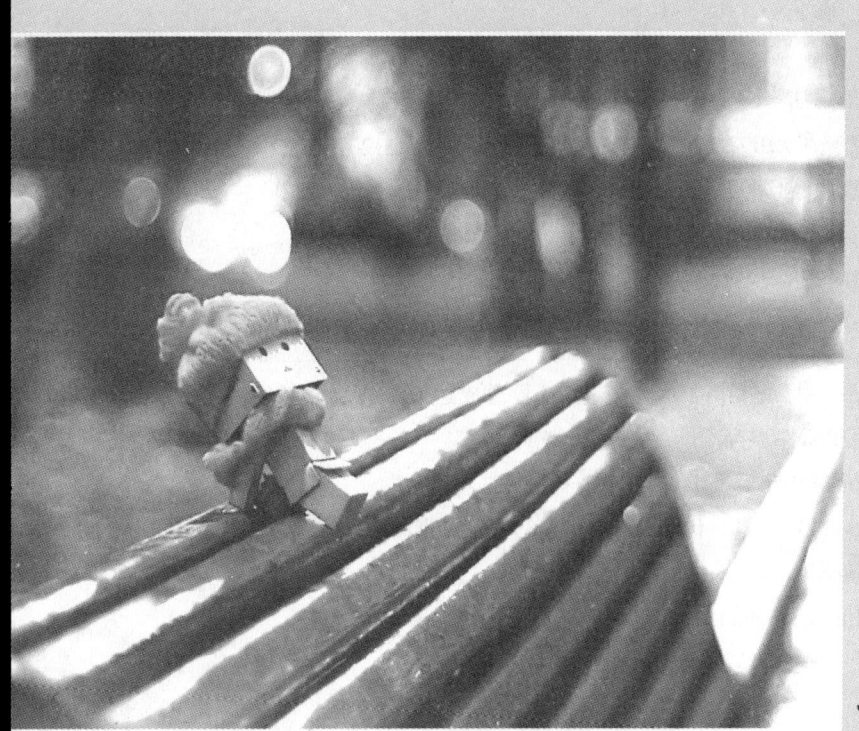

中国华侨出版社

图书在版编目(CIP)数据

从容,遇见更好的自己 / 墨石著.—北京:
中国华侨出版社,2014.6

ISBN 978-7-5113-4711-4

Ⅰ.①从… Ⅱ.①墨… Ⅲ.①个人–修养–通俗读物
Ⅳ.①B825-49

中国版本图书馆 CIP 数据核字(2014)第115284 号

从容,遇见更好的自己

著　　者 / 墨　石
责任编辑 / 荼　蘼
责任校对 / 王京燕
经　　销 / 新华书店
开　　本 / 787 毫米×1092 毫米　1/16　印张/18　字数/232 千字
印　　刷 / 北京建泰印刷有限公司
版　　次 / 2014 年 11 月第 1 版　2014 年 11 月第 1 次印刷
书　　号 / ISBN 978-7-5113-4711-4
定　　价 / 32.00 元

中国华侨出版社　北京市朝阳区静安里 26 号通成达大厦 3 层　邮编:100028
法律顾问:陈鹰律师事务所
编辑部:(010)64443056　　64443979
发行部:(010)64443051　　传真:(010)64439708
网址:www.oveaschin.com
E-mail:oveaschin@sina.com

前言

　　从容，是一朵远离世间烟尘的云，是一抹浅浅的微笑，是一缕悠远的心香。从容的枝头，是信念的月季，无论红白一直执着地绽放；从容的原野，是刚强的大树，哪管风雷雨电一直淡定地坚守。从容，一种脚踏实地的心情，一种镇定自若的品格。

　　从容源于淡然。少了一份喧嚣与浮躁，多了一份沉稳与踏实；少了一种轻狂与自傲，多了一种虚怀与自省。就像大山，任你云缭雾绕，我自岿然不动；就像大海，任你龙飞蛇舞，我自安然如镜。风吹云飞如絮，云飘云飞，变幻无穷，云没有根基，最终难免灰飞烟灭；扬沙若云，穿空而过，一路沧桑，一路哀歌，最终迷失于天地之间。唯有从容的岩石，一天天一年年，拥抱多情的岁月，那生命的青苔，就是一曲千年不老的歌。

从容源自阳光。让阳光漫步，做个阳光之人！你的心情好了，你就微笑了，我的心情好了，我就快乐了；他的心情好了，他就唱歌了。大家的心情好了，生活就幸福了，人生就美满了，世界就祥和了。

四季，在花开花落中轮回交替；时光，在弹指间如白驹过隙；人生，在不断的经历中慢慢成长；生命，在一次次磨难里历练丰盈。每一次日出晨曦，每一个黄昏暮起，都是生命赋予我们无与伦比的美丽！没有理由不去好好珍惜。

做好自己，爱惜自己，平凡而简单地活着，给自己一个心情，不怨不悔，独自芬芳。学会从容，每天你就能看见一个清静的生活状态，露出一个温暖的笑容，以一个优雅的姿态，一颗从容的心，用自己的颜色调配出生命最美的风景。

世事变迁，沧海桑田。而内心需要的，只有从容。从容于一方心田里开成一枝静婉的莲，燃一炉心香袅却旧念。无论时事如何变迁，无论风云如何变幻，波光粼粼的内心深处仍有一处风光无限，那就是从容的力量。

从容，才能在花开深处，遇见更美的自己。时光静好，岁月荏尔，如此甚好。

目录
CONTENTS

任你风吹絮扬，我自从容如石 | 第 1 辑

也许，在时光里明澈心境，感悟平淡是岁月里最大的幸福，享受闲暇是最好的怡情，生活里静静地思考是最智慧的情感。

任你云雾缭绕，我自安然如镜 | 第 2 辑

心如莲、如花，情不浮、不躁，时光也不艳。在淡淡的安静中，手边一杯茶淡香优雅，不染尘，心境纯清如水，无杂念，守着时光里的点滴。此刻，拥有的，便是小小的清欢。

第3辑 | 任你雨打风吹，我自向阳飞翔

无论生活或顺利，或坎坷，只需努力向着阳光的方向生长，就会发现，不经意间，所欠的东风已经悄然而至。乘着东风，让梦想飞扬！

第4辑 | 任你月圆月缺，我自拈花微笑

生活从来不会刻意亏欠谁，它给了你一块阴影，必会在不远的地方撒下阳光。风暴来临，要做的不是等待风暴过去，而是学会在雨中翩翩起舞。

任你龙飞蛇舞，我自寂寞如花 | 第 5 辑

寂寞的时候，请认真倾听，你会听到大地苏醒的声音、小草呼吸的声音、鲜花汲水的声音……越寂寞，越美好。耐得寂寞，等待你的将会是春色满园。

任你花谢花开，我自心香悠然 | 第 6 辑

流水在碰到抵触的地方，才能把它的活力解放。人生也是一样，挫折和困难，是为了释放内心的潜能。月圆月缺，花谢花开，只在于心境。

第 7 辑 | 任你风云变幻，我自静待花开

做一个淡淡的女子，不浮不躁，不争不抢。淡然地过着自己的生活，不要轰轰烈烈，只求安安心心。素年锦时，静待花开。

第 8 辑 | 任你波澜壮阔，我自碧海晴天

日子，是在忙忙碌碌中平淡；生活，是在粗茶淡饭中生香；人生，是在坎坷挫折中历练；心情，是在百味杂陈中安暖。把该放下的放下，让心轻松。

任你繁华喧嚣，我自从容恬淡 | 第9辑

一切种子都要接受阳光的筛选，一切成熟总要接受心灵的检阅，一切欢愉总会在生命中流淌，享受淡定，享受从容，享受心灵中恰到好处的温暖。

任你疾风骤雨，我自谦和如风 | 第10辑

谦和是根，所有美德都由此滋生。谦和地对待每一个人、每一件事，如春风化雨，润物无声。悄无声息中世界已经因你而改变。

第 11 辑 | 任你伤春悲秋，我自对酒当歌

生命短暂而美好，没时间纠结，没时间计较。只有放下那些无谓的负担，我们才能一路潇洒前行。在心里播种一粒梦想的种子，让它伴我们一起成长。

第 12 辑 | 任你寒冬酷暑，我自静守安暖

有一种情意，虽然远在天边，却是你心底永远的安暖；有一种陪伴，虽然不在眼前，却能穿越万水千山，在你最需要的时候，及时出现，赋予你无限的温暖。

第1辑
任你风吹絮扬，我自从容如石

也许，在时光里明澈心境，感悟平淡是岁月里最大的幸福，享受闲暇是最好的怡情，生活里静静地思考是最智慧的情感。

静水深流，静心不伤

一次，庄子与一位君王谈话，正看到一只猴子在树林间跳跃。君王对庄子说："您瞧这只猴子身手灵活，在树林之中游玩，多么自在，多么开心。"

庄子看着那不断跳跃的猴子，笑着对君王说："这猴子现在虽然开心，但如果有一天，它误入荆棘丛中，就算有再灵活的身手，它也一筹莫展。"

古语曾说："人生在世如身处荆棘林。"这句话说得真好，形象贴切，让人感同身受。我们有时候也会觉得自己像庄子口中的猴子，在荆棘丛中，全在纷繁的人世，只有拥有一颗宁静的心才能让人惬意，让人感悟到幸福。

身的本事无法施展。由此可见，每个人的生活都是苦难的历程，每个人都会受苦。

曾有哲人这样评价婴儿的啼哭："婴儿降生为什么会啼哭？因为他从此离开母体的呵护，独自一人在这世间漂泊，要忍受种种痛苦与煎熬，他怎么会不哭呢？"是的，从降生到成熟，没有人能够一帆风顺，成长的每一步都伴随着困境与伤痛，这些伤痛都会变为心灵的划痕，留下大大小小的伤疤。

生活在都市中的现代人，特别是那些为生计奔波的人，更加理解"苦"的含义。沉重的工作，巨大的生存压力，复杂的人际关系，使他们的内心日渐疲乏，每一天都生活在焦虑与失望中。焦虑，是因为压力得不到合理疏解，思虑越来越重；失望，是因为理想与现实差距过大，对自己、对他人、对环境产生不满。

心病还要心药医，那么，究竟什么是心药？什么是最有效的疏解方式？这种方式不能依靠他人，因为他人永远只能按照他自己的思维方式帮你出主意，那主意也许好，却未必适合你；也不是环境，环境从不迁就任何人，只有人适应环境才能更好地生存。你需要领悟生存的智慧，在纷繁的人世，只有一颗宁静的心，才能让生活惬意，才能感悟幸福。

当一个人被他人冤枉，最好的办法是什么？是拿出证据辩解。但事有凑巧，如果刚好拿不出证据呢？这个时候争辩毫无意义，最好的办法就是沉默。在别人不相信你的时候，任何解释都是徒劳。人正不怕影子歪，只要问心无愧，相信事情总有水落石出的那一天，旁人的猜测就不能损害你的内心。以淡定的态度对待是是非非，这就是"静者不伤"。

沉默，正是心静的外在体现，因为心中没有妄念，没有不合时宜的冲动，自然不会草率行动。沉默者最初让人觉得木讷无趣，接触得久了，就会发现此类人往往有大智慧、大底蕴。他们不说，只因深知三思而后行的重要。在面临困境的时候，沉默的人能够容忍误解与困苦，他们并非逆来顺受，而是积蓄后劲，等待时机扭转局面。

　　有一首歌叫《沉默是金》，其中一句歌词说："是错永不对，真永是真。任你怎说，安守我本分。"安分守己的人知道沉默的可贵，特别是在喧哗的人群中，沉默的人自有一种气度，让人不敢小觑，不愿生疑。如果能够守住内心的坚持，不随波逐流，不人云亦云，凡事有自己的原则，久而久之，沉默就会令人信服，令人尊敬。不必在乎外界环境的苛刻，用静与默当作保护自我的盾牌，足可抵御外界的真真假假，保持内心的平和。

暴风雨来临，我自闲庭信步

　　从前，有一位德高望重的渔夫，有着极为高超的捕鱼技术。渔夫因为自小就善于捕鱼，很早就为自己积累下了一大笔财富。然而，随着年龄的增长，年老的渔夫却一点也不快活，因为他为自己的三个儿子发愁，三个儿子的捕鱼技术都极为平庸。

　　为此，他就向长年生活在海边的一位智者倾诉心中的苦闷："我实在是弄不明白，我的捕鱼技术如此好，而我的三个儿子却为什么没有一个能成才的？我从他们懂事的时候就开始不停地把自己的捕鱼技术传授给他们，我从最基本的开始教起，总是告诉他们如何织网最结实，最容易捕到鱼，怎样划船才不会惊动水里边的鱼，怎样下网最容易请鱼入瓮。等他们长大后，我又传授给他们如何识潮汐、辨鱼汛……凡是我多年来辛辛苦苦积累出来的经验，我都毫无保留地传授给了他们，但是为何他们的捕鱼技术还不如海边那些普通渔民家的孩子们！"

　　智者听了他的话，便问道："你一直是这样手把手亲自教他们的吗？"

　　"是呀，为了让他们学会一流的捕鱼技术，我教得很是仔细，很是认真，从来没保留什么！"渔夫回答。

　　"他们也一直跟随你吗？"智者又问道。

　　"是的，为了让他们少走弯路，我一直让他们跟着我学习。"渔夫说道。

智者说："这样说来，你的儿子们的捕鱼技术就不会好到哪里去！你只知道传授给他们捕鱼技术，却从来没有传授给他们教训，也不让他们亲自下海多演练，没有历经任何艰险，如何能准确地领悟到你的那些经验呢？"

暖心小语

真正的境界不需要声音，沉默的力量远胜于喧哗。

是啊，渔夫的儿子们从来没有经历过任何磨难，没有遇到过任何挫折，他们如何能获得成长呢？在生活中，只有经历磨难的人，才能更快、更好地成长，生命也只能在不幸与困境中得到升华。在人的一生中，总会遇到灾难、失业、失恋、离婚、破产、疾病等各种各样的厄运，即便你比较幸运，没有遭遇，也可能会遇到来自生活的各种各样的压力和烦心事，当你面临或遭遇它们的时候，就一定要用一颗感恩的心去拥抱它们，正是他们给了你更多成长和锻炼的机会，让你以更为坚强的心态去面对生活中的一切。

人生难免要经历暴风雨，这风雨也许是一次失败，也许是突如其来的打击，也许是一场意外，也许是长久以来求之不得的失落，也许只是内心突然对现状不满和因此而来的不安稳心态。这个时候最能考验一个人的定性如何。

宁静是一种有容乃大的心态，就像最深的水潭表面上看起来是最静的，没有什么声音。它最不易因为外界的一点响动而翻腾不已，而且最有容量。倘若人的心胸能够像沉静的流水，自然能够容纳外界的一切声响，包括那随时都可能袭来的暴风雨。想要修炼自己的内心，就要扩大它的容量，让它如一泓深水，能够包容越来越多的喜怒哀乐，悲欢离合。

中国古代的皇帝很重视人们对自己的评价，在他们生前，不但会建好自己的豪华陵墓，还会关心自己的碑文。皇帝们都希望碑文写满自己的丰功伟绩，供后世永远怀念。

在众多帝王中，只有武则天独树一帜。她嘱咐在她死后，不要在墓碑上撰写任何碑文，就留下一块无字碑给后人，让后人任意评说。

历朝历代，不少人对这块无字碑向往不已，人们认为比起连篇累牍的赞颂文字，这块无字碑才真正体现了女皇的心胸与远见。她没有说任何一句话，人们却对她念念不忘；没有写一个字，字却印在了后人的心上，这大概就是古人所说的"大音希声"。

她做了一件任何女人都做不到的事，她留了一块历代帝王都不敢留的碑，这就是中国唯一一位女皇帝武则天的一生。历代帝王都在意后人对自己的评价，希望在史册上有一个光辉形象，相信武则天也有这样的愿望。但比起那些拼命为自己歌功颂德的人，武则天则更有智慧，她知道坏的就是坏的，不会因为几句好话就变好；好的就是好的，只要做得够多，黎民百姓自然记在心里，公允的史臣自有公正的评价。所以，她选择沉默，选择大智无言。

真正有价值的东西是稳健的、沉重的，就像人来人往的石桥，人们站在桥上的时候，往往忘记桥的存在，但提起某条河，人们首先想到的却是河上的桥，而不是桥上的人。所以，变动不居的东西，远不如静止无言的东西来得长久。

沉默与宁静是一种力量，让人远离世俗的喧嚣，保持个性的独立与心性的完整。古语说"大音希声"，"大音"就是大道，真正的境界不需要声音，沉默的力量远胜于喧哗。最聪明的人不会炫耀自己的聪明，最成功的人是那些懂得默默努力的人。与其高声呼叫，提醒众人自己的存在，不如默默流淌，将自己的生命流成一条静静的长河，供人敬仰和评说。

高处不胜寒

　　我们从小就知道"孔融让梨"的故事，那个从小就聪明礼让的才子是我们童年时的楷模。可是，历史上的孔融命运却并不好。

　　也许是因为年少就聪明，孔融自视甚高，锋芒毕露。有一次，他和父亲去拜访一位朋友，刚好有个叫陈炜的官员也在那位朋友家里做客。互相介绍后，陈炜语带不屑地评论孔融说："小时候聪明的人，长大未必有智慧。"

　　孔融立刻说："那么想来，您小时候一定非常聪明！"陈炜被堵得目瞪口呆，最后说："你虽然聪明，但如果改不了这个逞口舌之快的毛病，恐怕将来会有祸患。"

　　陈炜说得果然没错，孔融长大后，仍然改不了心高气傲的毛病。他效力于曹操麾下，却经常对曹操冷嘲热讽，曹操对他一忍再忍，终于有一天受不了他的恃才傲物，给他冠了个"谋反"的罪名，将他处死。

　　人们常说年少成名，名气大多不会持久，因为少年心性一旦有才名相伴，加上众人的夸赞之声，就很容易让人丧失对自己的警惕，变得骄傲自大。因为自视太高，难免在与人相处时气性太盛，锋芒毕露，在言语之间得罪他人而不自知。三国时期的孔融就是这样一个例子，如果他对待别人能像对待自己哥哥那样做到谦恭礼让，又怎会落得这样悲惨的结局？

提到灾祸，人们头脑里蹦出的第一个念头就是"倒霉"，对待自己遇到的灾祸，更有多种借口安慰自己，比如"运气不好"、"没赶上好时候"、"遇到的人不对"，等等。但仔细分析，有多少灾祸是"运气不好"？有多少是"自作自受"？

性格决定命运，生命中的某些灾祸的确来自不可测的外界因素，但更多的，是我们自身性格埋下的祸根。不懂得收敛锋芒，最容易招致祸端。木秀于林风必摧之，有时候不是风摧，而是树木太爱显摆自己，因此被周围的人嫉恨。还有一部分人不收敛锋芒也就算了，还要刻意招惹、贬低他人，以提高自己的身价，这样的人怎能不结下仇敌？

森林里，百鸟之王要给自己的女儿——美丽的白鸟公主找一位女婿，各路鸟儿都来求婚，白鸟公主逐一观察，最后对父王说："父王，我觉得孔雀最有贵族仪态，而且它看上去知书达理，沉稳可靠，我愿意让它做我的丈夫。"

鸟王很高兴，当即宣布孔雀为王国贵婿。众鸟纷纷向孔雀道贺，孔雀喜上眉梢，不知不觉间，得意忘形，展开美丽的雀屏对众人说："我早就说过我不是一般的鸟儿，现在你们知道我有多优秀了？"

这一幕恰好落进白鸟公主眼中，它立刻飞到鸟王面前说："父王，我后悔了，这只孔雀如此爱炫耀，显然是没有才学的油滑之辈，我怎么能嫁给它？我仔细看了又看，还是觉得苍鹰英俊不凡、沉毅果敢，我不嫁孔雀，要嫁给苍鹰！"

暖心小语

低调一点，才能把握住更多的机会。

鸟王也看出这只孔雀虚荣炫耀，当即宣布女儿的夫婿另有其鸟。刚刚还在吹嘘的孔雀瞬间从天堂跌到地狱，垂头丧气地走了。

当一个人普普通通的时候，他知道安守本分的重要，不会主动惹事。当一个人有了成绩，他觉得多年的压抑终于有了收获，忍不住翘起尾巴，这个时候最容易得意忘形。就像故事里的孔雀，一点喜事就扬扬得意，难怪人们说："有一点成绩就沾沾自喜的人，成不了大事。"

世界很大，即使做出了成绩，得到了褒奖，也要知道优秀的并不只有你。不要立刻去炫耀自己手中的本钱，锋芒毕露只会暴露自己的无知与弱点，给对手以可乘之机。低调一点，才能把握住更多的机会。不要害怕没人知道自己，没人认同自己，是金子总会发光。

人们常常说："人往高处走。"又有一句话说："高处不胜寒。"人们走得越高，就越容易暴露自己，越容易因自己的优秀得罪他人，这时候更需要处处小心，防止明枪暗箭对自己的伤害。这份"小心"不应该在高处修炼，在低处的时候，我们就应该有这样的心态。上好的宝剑平日都藏在剑鞘里，真正的才能不妨在最关键的时候展示。所以，在任何场合，沉默一点都是好事，管得住自己的嘴，才管得住自己的行动。管得住自己的行动，才管得住自己的心。

心若安，尘自乱

有个画师画艺极佳，是众所皆知的国手。可是他的人品却让人不大佩服，这位画师每次为人作画，必要求画的人先付酬金，否则便不肯动笔。每当他出现在城里，大家就会说："那个吝啬的画师又来了。"

画师的朋友，城里的一位地主极力为画师澄清说："他之所以索款，是因为他的师父生前曾许愿要捐一座学堂，他是为了帮师父还愿。"不管这个地主如何解释，人们更愿意相信画师是个贪财之人。画师也不辩解，照旧为人画画，画前索要酬劳。

一日，画师为一位官员画了一幅游春图，画罢掷笔道："吾师心愿已了！"没多久，城里开始兴建一座学堂。从此后，画师画画只为自娱，再也不为钱财作画，人们这才相信地主的话。

不论现代还是古代，大众标准都是人们遵循的惯常标准，大众评价代表了主流看法。以我们的观点，一个人，倘若很多人都说他不错，他的品格应该很好；倘若多数人都说他不好，那么至少他在人品上存在一些问题——人们相信，群众的眼睛是雪亮的，一个人犯错，不可能所有人都犯错。

通常情况下，这种观点没有问题，但也有些时候，大众观点不一定是对的，因为大众的眼光也有误区，会误解一些事、一些人。再加上有人喜欢搬弄是非，有人喜欢闲言碎语，一件不存在的事可能会流传甚广，这就是流言的来源。

没有人喜欢流言，但谁也避不开流言。面对流言，有些人不断解释，结果是在流言的火焰上加了一勺油，让火越烧越旺；还有人无法解释，只能自己揪心，终日为流言苦恼，觉得十分委屈。民国时，女星阮玲玉就因为不堪流言困扰而选择自杀，留下"人言可畏"四个字做遗言。流言有时会变成心灵的毒瘤，有智慧的人需要小心处理，才能不被它伤害。

当一个人开始关心他人的闲话时，他很容易变成一个说闲话的人，想要不受流言困扰，只有远离流言。不要去理会传播流言的人，不要去计较别人有没有议论你，议论了什么。更不要为几句流言动气。内心有杂念，就会时常烦着别人，搅着自己，不得安宁；内心没有杂念，流言自然无处生根。

一个人如何才能做到心内没有杂念？心静。一杯水如果不停搅拌，即使是清水，也会变得混浊不堪。而一杯混浊的水只要放在那里不去动它，慢慢地，杂质就会沉淀，水又变得透明澄清。一个人的内心也是如此，不停接触是非，只会越来越乱，不得清静。相反，那些愿意沉淀自我的人，即使对着流言蜚语，也能够做到不听不看。

人们常说："时间会证明一切。"时间能够让他人分辨出一个人的好坏，一件事的优劣，也能够让我们更加了解自己，认清自己的方向。心不静的时候，先让自己沉默，把一切交给时间。清者自清，浊者自浊，流言终有一天会平复，那时候，人们看到的只剩下你的形象、你的成就，以及你面对闲言碎语时泰然自若的态度。

011

为未来的风浪备好雨伞

成公贾是古时楚国的一位贤人，很关心国政。他看到楚国朝政混乱，登基已三年的楚王却不闻不问，不禁为国家担忧。这一天，成公贾决定当面劝谏楚王。

楚王客气地接待了成公贾，成公贾说："我是街里闲人，近日听说这样一件事，想来问问大王明不明白。有人说他看到一只身披五色花纹的大鸟在楚地已经有三年，可是它从来没有叫过一声，不知是什么原因。"成公贾用了一个比喻，五色花纹的大鸟，是指楚王，不叫一声，是说他对内政外交毫不关心。

楚王说："看来，这一定不是一只凡鸟，它一动不动，是在积蓄自己的力量，等有一天一飞冲天，一鸣惊人，你何不拭目以待？"成公贾当即明白了楚王的意思。没多久，楚王羽翼丰满，对内任用贤良，铲除贪官污吏；对外征伐，打败楚国的敌人，果然"一鸣惊人"。

关心国政的贤臣向不理朝政的君王进谏，成公贾认为面对混乱的朝政，一个国君应该有所作为，正如面对困境的时候，一个人应该有所作为，"有所为"代表着一个人的能力和担当。一番谈话后，臣子发现君王并非无所为，他选择用一种有策略的方式来达到最佳效果。为了一鸣惊人，先要养精蓄锐，积累足够的实力，创造出充分的条件。

人生难免有困境出现，困境让人束手无策，寝食难安。有时也会消磨人的斗志，让人变得庸碌无为。每个人最初都是心怀梦想的跋涉者，有些人能成功，有些人以失败告终，并不是他们的能力有差别，而在于他们是否能够突破困境。一旦开始跋涉，就要有面对困境的心理准备，路途越长，困境越多，这就更需要有冷静的头脑。

想要解决一个大问题，需要长远的考虑、周密的部署。应对大事最好的办法是厚积薄发，在平日就要默默积累自己的力量，以备不时之需。谁也不知道自己会遇到什么样的情况，所以，雄厚的资本至关重要，不论这资本是学识、资金、人际关系，还是对自己能力的自信。时时刻刻磨炼自己的人，才有可能沉住气，应对重大事件。

哈里和皮特是一对好朋友，他们共同出海经商，赚来一箱金银珠宝，他们准备带着这箱珠宝回到家乡，过富足美满的生活。这一天夜里，哈里和皮特突然听到水手们在低声说话，原来这些水手心怀歹意，他们想要杀掉哈里和皮特，吞掉那箱珠宝。

哈里和皮特惊恐地看着对方，他们到底是老道的商人，立刻打定主意，哈里站起身对皮特大叫："你这个魔鬼！你这个贪心的人！我过去真是瞎了眼睛，竟然把你当成我的朋友！"皮特不甘示弱地说："你才是个魔鬼！你竟然想独吞珠宝！我就算把它们扔掉也不给你！"说着他抱起珠宝箱，将箱子从窗户扔进了大海。

暖心小语

路途越长，困境越多，就更需要冷静而临危不乱的头脑。

当水手们冲进来时，看到哈里和皮特正在咒骂对方，水手们看到珠宝已被他们扔掉，只好悻悻离去。哈里和皮特平安到达港口，他们立即通知警察，将恶毒的水手抓了起来。

重大事件有两种，一种是困难摆在眼前，你缺少克服它的能力，只能默默积攒精力，寻找破绽，努力寻找突破口；还有一种是困难突然来到眼前，迅雷不及掩耳，你没有机会慢慢积攒力量，只能立刻拿出应对措施，唯有如此才能在危急关头保护自己。

在危急关头，人们最需要的仍然是"静"，心态平静，头脑冷静，才能调动自己的全部聪明才智，以最快的速度想到解决的方法。就像故事中的哈里和皮特，他们知道惊慌没有用，果断地选择了舍财保命，断了匪徒的后路，留下自己的生路。

在任何时候，冷静都是成功者必须具备的一种素质。冷静，既能让自己在复杂的形势中占据一个清醒的视角，不致被蒙蔽；又能让脑筋不被突来事件打乱，无法做出思考。就像地震的时候，恐慌的人在大叫，冷静的人立刻寻找安全地点。多一分冷静，就多一分安全保障。

临危不乱的人有大将之风，因为习惯筹谋，即使在短暂的时间里，脑子里也会习惯性地条分缕析，做出最正确的判断，制订最恰当的计划。这仍然得益于平日的深思熟虑。把深思作为一种习惯，凡事多想想，多看看，你收获的就不只是宁静的内心，还有生存的智慧。

低到土里，始闻花香

一位大将对一位智者说："我个性耿直，在朝廷上经常得罪人，就连当今圣上有时也受不了我的脾气，我认为长此以往会危害自己，请您给我讲一讲化解的方法。"

智者说："化解方法其实很简单，只要知道以柔克刚的道理，不但在朝廷上能够进退得宜，还可以保你日后平安。"

大将反驳说："我是一员大将，怎么能'柔'？'柔'有什么用？"

智者回答："我今年已经有 60 岁，你看我的牙齿，还有剩下的吗？"大将摇摇头。智者又说："你看我的舌头，还在吗？"将军点点头。

智者说："刚者易折，柔者易生，这就是生存的道理。你如果不能领悟，今后必有祸患。"

自古大将多坎途，因为大将往往为人耿直，性子粗鲁，不懂朝廷生存之道，不是得罪了朝廷大臣，就是功劳过高让皇帝忌怕。智者劝大将懂得"柔"的道理，是想教导这员大将能够在险恶的朝廷上平安。凡事和顺一点，广结善缘，好过事事逞强，遭人怀恨。

做人应当有理想、有目标，古人追求"顶天立地"，追求做得正，行得直，这就是刚强。但是，人们对刚强的理解有时太过表面化，认为刚强就是直来直去，就是不肯低头，甚至等同于固执己见，这是一种偏颇的理解。刚强，指性格上的正直，指一个人有原则，能够坚持立场。刚强的人也可能懂得圆融处世，懂得在适当的时候，对人对事低头。

过刚的事物为什么容易损伤？因为太过强硬，看上去难以与人共存，自然处处树敌。而柔和的事物对他人、对周围环境都有一定的忍让，自然也就为自己争得了生存发展的空间。在任何时候，共存都比争个你死我活来得重要，各退一步保证各自利益才是成熟的做法。过于强硬的人却不懂这个道理，他们认为低头就是懦弱，退让就是失败。如此要强的结果，往往是让自己吃了大亏。

画师正在练习画猛虎图，他笔下的猛虎吊睛白额，栩栩如生。他的师父在一旁说："你的画技可谓精进，可惜阅历不够，作画终究落了下乘，到底是年轻人。"

画师不服气地说："师父，人人看到我画的虎，都说是神品，你怎么说我画得不好？"师父说："我举个简单的例子，你这幅《猛虎扑敌》，画的是猛虎将要与对手作战，但你知道老虎要攻击对方，先要做什么吗？先要把头尽量低下，贴近地面，这样才能冲得更快。你看看你的画，老虎昂着头，哪里有要战斗的架势？"

画师听了，低下头说："看来，不只虎要低头，做人也应该时时低头，请师父今后继续教诲我。"师父笑着说："你能悟到这一点，可知今后前程不可限量。"

暖心小语

刚者易折，柔者易生，这就是生存的道理。

有经验的画师知道，老虎在搏斗之前首先要做的是放低身子。由低到高的过程，放得越低，力气就越足，冲劲就越大，最后到达的高度就越可观。而且，低姿态可以保证自己不会受伤，也能保证你获得更多的伸展空间。

人生是一个由低到高的过程，做事就像登山，需要从较低的地方一步步走到高的地方。当你到达一个较高的地方，想要攀登另一座山峰，仍然要先下山，再走高，"低"是必不可少的步骤。其实，低一点没什么不好，"低"，是对自己的保护，是为了短暂的休息，保存耐力，以期达到自己的目标。换言之，"低"是对实力的隐藏。

拿破仑·希尔说："如果一个人想要在办公场合获得好的人际关系，做出更多的成绩，就要把一切优点和值得炫耀的地方妥善地隐藏起来。"柔和的处世方法和低姿态做人并不会让你低人一等，真正的刚强在于内心不可动摇的原则性，而不是一时的气性。

不妨走上街道看一看直观的例子。在街道上，那些面貌温和甚至柔弱的人，更容易给人亲近之感，旁人对他们往往照顾礼让；而那些彪悍的人却让人没有谦让的心理，如果他们脾气暴躁，就会很容易与人冲突。真正的"强"不必显露在表面，外柔内刚，以低姿态夺取制高点，才是常胜之道。

慢下来，感悟生活

古时候，有个青年拜后羿为师学习射箭。青年很刻苦，想要成为超越后羿的神射手。但年轻人难免急躁，他总是问后羿："师父，我射得如何？有没有进步？"后羿是位温和的长者，每次都鼓励他："有进步，但是还要更加努力。"

青年人心急，有一天抓着后羿说："师父，你告诉我，要成为你这样的神射手，需要多少年？"后羿说："十年！"

青年说："十年太久了，如果我每天加倍苦练，需要多久？""八年。"

青年更急了："师父，如果我把吃饭睡觉的时间也拿来练箭，是不是五年就行了？"

"不，"后羿说，"那样的话你成不了神射手，因为没几天你就累死了。"

故事里的青年想成为与后羿一样名满天下的神射手，因为迫切地想要实现愿望，他开始急躁。但一步登天只存在于幻想之中，不切实际的渴望只能阻挡人们前进的步伐。轻微的不切实际也许没什么害处，还能成为一种激励；严重的不切实际就成了空想，甚至会危害自身，换来得不偿失的结局。

自古以来，成功是每个人的梦想，有些人只做梦不行动，希望天上掉馅饼，这些人一辈子也只能碌碌无为。还有人愿意为梦想付出时间、精力、汗水，只要能够达到目标，他们可以一直付出。也许是因为付出太多，用心太深，才会迫切想要知道：如何以最快的方法达到目标，因此，产生了急功近利的念头。

有这样一个笑话，一个男人吃了五张饼不觉得饱，吃完第六张肚子饱了，于是就埋怨自己为什么要吃前五张饼。急功近利的人与这个男人相似，他们太过注意第六张饼的实效，从而忽视了前五张的重要，实际情况是：没有第六张，男人最多有点遗憾；只有第六张，男人的饥饿感只会越来越强。在现实生活中，第六张饼代表的往往是虚名，解决不了多少实际困难。

从前，一位君王向人学习驾车技巧，经过一段时间的训练，君王要求与自己的老师比赛，结果惨败。君王说："寡人敬重你的技能，拜你为师，你怎么能不好好教授？"老师说："微臣已经将全部技术传给大王，大王之所以落败，并不是技不如人，而是心态不好。"

"你说说，寡人的心态怎么了？"君王问。

"我与人比赛的时候，一心观察马的状态，马累的时候，我会让它稍慢一点，然后再催促它飞奔，我一直注意的是比赛本身；大王您驾车的时候，一心只想超过我，在我后面时，您不顾马的状况，一味追赶；超过我后，不时回头看我有没有赶上来。您只注意能不能得胜，根本没有心思考虑如何与马配合，这才是您落败的原因！"

古代的驾车比赛，既要掌控车子的方向，又要配合马的动作做出调整，需要全神贯注才能得到好成绩。而一心想着成败得失的人，无法顾全大局，常常顾此失彼，自然落了下风。故事中的君王脑子里只有胜利，也就看不到脚下的路，他忘记胜利只是结果的一种，如果不能好好完成过程，迎接他的便是另一种结果：败北。

急功近利之人之所以没有一颗宁静的心，是因为他们太过重视结果，忘记了胜利需要一点一点积累。捷径也许存在，但不会时时存在，事事存在。

不过，走捷径的人始终比那些埋头苦干的人少了一些东西，那些人的脚步是实的，他们却是虚飘飘的，有一天遇到狂风，就再也站不稳，露出原形。而那些扎实的人，从来不惧怕风雨。每个人都有想要实现的愿望，但淡泊之人不会采用不正当的方式，更不会在条件不成熟时贪功冒进，因为他们知道，生活的真味要慢慢品，过程比结果更值得投入。

坚持，静待花开

一个人的能力、阅历是有限的，谁也不能保证自己能将一件事做好，但是，有心的人却会把一件事做透。把事情做好固然能达到我们的目标，把事情做透却也是另一种收获：收获的是做事的学问、动脑筋的方法。只有把事情做透，才能真正了解一件事情，从这个过程中得到智慧与启迪。深耕细作的粮食与播种机大面积种下的粮食虽然都能获得丰收，但前者无疑比后者更有营养和口感，这就是"透"与"不透"的区别。

把事情做透是提高能力的最有效方法。想要全面了解一件事，就要从各方面尝试，就能以更多的角度看到事物的全貌。多数人在实践中能够触类旁通，通过一件事思考到更多的事。因为要解决一件事，可能要学习很多东西，在无形中提高了自己的能力。当一个人把一件事做透，他会发现自己会做很多件事，对自己的能力有了充分的信心。

一位漫画家在杂志上连载一部少年漫画。刚开始的时候，读者很喜欢这部作品，认为设计新奇，男女主角有个性。这部作品可谓一炮打响，引来了众多人的追捧。连载两年后，漫画家感到后继无力，读者们也对这部作品渐渐没了耐心。那本杂志对这样的作品一向的做法是"腰斩"，即在一个月之内草草结束作品，给其他作品让出地方。

接二连三的打击，使漫画家本人也对这部作品有些厌烦，但他做事认真，他决定给这部作品一个相对完美的结局。于是，他依然精心构思，认真作画，并把不满意的部分反复修改。

没想到最后一个月，形势突然出现转折，漫画家的诚意让这部漫画更加精彩，众多读者都表示这部作品还有很多潜力，希望杂志继续刊登。在读者的要求下，杂志社决定继续这个连载。作家没想到，一次坚持，竟然会有如此收获。此后他越画越好，这部漫画成了大热作品，经久不衰。

漫画家的作品即将面临"腰斩"，他对自我的要求就是尽可能将事情做透，即使结果可能不让人满意，也要竭尽全力，让自己不留遗憾。当人下定决心后，就能心无旁骛，这个时候往往能够注意到平时没有注意到的东西，激发出从未有过的灵感，从而开创一个新的局面。可见，把事情做透才能把事情真的做好。

如何才能把一件事做透？关键要沉住气，专心，持久，不服输。沉住气，就是我们说的心静，在任何时候不要忙乱慌张；专心，就是说不要吃着盆里惦着锅里，要全神贯注地做一件事；持久，是指要有计划、有策略，不能急于求成；不服输，是说在暂时的挫折面前懂得迂回，以退为进，冷静地寻找解决办法，相信苦心人天不负，转机总会出现。这些因素加起来，再加上一颗愿意思考的头脑，就能将一件事做透。

心灵的修为同样追求"透"。想要达到"透"，就要静思，审慎地思考一件事情的方方面面，它产生的原因、过程中的每一个转

暖心小语

坚持，再坚持，才能等待到花开。

折，以及相应的结果。只要仔细观察过几件事，就会发现事事相通，什么事的起伏都有相似的地方，这个时候，智慧就会产生。因为通透，即使不能知晓一切，也能知道事情的大概，遇事就不会乱了方寸。

第2辑
任你云雾缭绕，我自安然如镜

心如莲、如花，情不浮、不躁，时光也不艳。在淡淡的安静中，手边一杯茶淡香优雅，不染尘，心境纯清如水，无杂念，守着时光里的点滴。此刻，拥有的，便是小小的清欢。

随缘而化，随缘而喜

什么是智慧？智慧不是一本书、一句话，而是在需要的时候，为人解决实际问题。智慧来自书本，来自师长的教育，来自为人处世的经验，最重要的是来自于我们的思考。万事万物都蕴涵着智慧，能够认真观察的人，自然会对这智慧心有所感，加以提炼。智慧的关键在于灵活机变，因为要面对的事情总有各种面貌，必须有一颗机变的心随时加以应对。

智慧之人不去钻牛角尖，他们不会把一个问题想死，也不会轻易对一件事、一个人下结论。他们崇尚变通，就像宽广的河流，可以笔直地流动，也可以绕过高山，九曲十八弯，最后到达大海。也难怪人们说智者乐水，智慧像水，即使兜兜转转，最后还是会流入大海。

王羲之是晋代著名书法家，他的墨宝都是无价的宝贝，在当时，就有人为得到他写的一个字而绞尽脑汁。不少达官贵人都不能让王羲之动笔，可是，有个人却让王羲之抄了整整一部《道德经》，也算是当时的奇闻。

这个人是个道士，他知道王羲之名满天下，不肯赐字于人，攀交情，他没有；用钱财，王羲之不稀罕。于是道士想出了一个偏招，他知道王羲之平日最爱白鹅，就养了一群好鹅，待白鹅长大，故意让王羲之看见。王羲之看到那群白鹅个个精神漂亮，比自己家里的鹅好上不知多少倍，就生了羡慕之心，提出要买这群鹅。道士说："这鹅不卖，不过如果你愿意为我抄写一部《道德经》，我就将这群白鹅送与你。"

一部《道德经》并不费多少时间，王羲之立刻答应。就这样，道士靠自己的机变得到了王羲之的墨宝。

"书成换白鹅"是历史上有名的故事，几只白鹅和王羲之的墨宝，价值不可同日而语，当一条路走不通的时候，有人放弃走这条路，有人却采取迂回的方法，绕到另一条路上，或者干脆自己铺上一条路，向别人借一条道，最后到达目的地。

当人们想要达成一个目标的时候，最需要的是不懈地努力，但有的时候，努力并不能解决问题，这个时候就需要机智。没有条件的时候，机智的人能够创造条件；没有突破口的时候，机智的人能够用迂回的方法寻找突破口。

暖心小语

智慧像水，即使兜兜转转，最后还是会流入大海。

机智的人相信任何事物都有弱点，没有攻不破的堡垒，知己知彼，总会想到好办法。

随着年龄的增长，我们会发现世界并不像从前看到的那样简单，人心也不像想象中那么单纯，不必为这种情况感叹，因为你本身也在变得复杂。但我们会因为自己变得复杂而不会做事吗？不会，因为我们心中有自己的目标、自己的底线、自己的分寸。同理，别人做事也都有自己的目标、底线、分寸。

对事情、对他人、对自己要有一种"拆得开"的心态，知道他人的目标，就能分辨敌友，甚至化敌为友、求得共存；了解他人的底线，就不会得寸进尺，能掌握与这个人交往、共事的"度"；明白他人的分寸，就能够不去冒犯他人，尽量尊重他人。不必感叹事情千头万绪，如一团乱麻，只要你多多思考，就能把事情拆得简单，拆得开，就能玩得转。

寻找心灵的桃花源

清净是指心地纯洁，不为外物所扰，以及要求自己远离侵害与烦扰。世俗之人每日被琐事纠缠，想要心地清净却不简单。也正是因为世俗之人很难远离烦恼，才更有保持清净的必要，不然如何保持内心的平静，以应对复杂的世事？

有个脾气不好的年轻人，经常被长辈训斥，有一天爷爷对他说："山上的一位智者是我多年的朋友，也许他能让你改一改这种躁脾气。你现在就带着我的书信去找他！"

年轻人日夜兼程，终于到了智者所在的山上，将爷爷的信送上。智者看了之后，并没有劝导年轻人，而是让他进入一个屋子，"咔嚓"一声把屋子上了锁。屋子里没灯，没窗户，只有一张床，一扇紧闭的门，年轻人大叫："这里是什么地方?! 你要做什么?!"

智者没有理会年轻人的怒骂，只是一日三次给年轻人从门下的小孔里送饭。年轻人骂不绝口，智者却从不理会他。

过了几天，智者问年轻人："你在生气吗?"年轻人说："我当然生气！我真是个傻瓜，竟然跑到你这里来找罪受！"智者说："你连自己都不能谅解，更不能指望你体谅别人，算了，你继续待在屋子里吧。"

又过了几天，年轻人终于不骂了，智者说："怎么不骂了？"年轻人说："骂有什么用，就算骂得再用力，我还是只能被关在这个黑屋子里，而你却能心平气和。"

智者打开了门，对他说："恭喜，你已经悟了。心平气和，便无怒火产生。"

人们的心为何常常不清净？因为经常有欲求，求之不得便经常恼怒。人生七苦常常困扰我们，就像故事中的小青年，心里烦躁，自然脾气不好；脾气不好，不论遇到什么事都不能保持一份平常心，动辄叫嚷。直到被智者关了几日，才明白气恼与叫嚷除了让自己更加不忿，没有任何用处，年轻人体悟到的道理，就是心灵对事物的"拆开"。

世间有没有净土？显然没有，桃花源只存在于陶渊明笔下，迄今还没有被发现。但我们也大多有过这样的感觉：在某些人身边，会发现他对一切都有善意，不论遇到什么都能看通，很少与人争执。这时候，我们不禁认为这个人的心就是一方净土，因为他没有功利性。

净土存在于每个人心中，只要能在生活中常常调整自己，懂得陶冶性情，克制怨气，以善意的目光看待每一件事、每一个人，自然就能不被外物所扰。此时的心态，便是清净；此时的灵台，便是净土。

不要让叶子遮蔽了思维

一头小猪正在河里洗澡，它问自己的妈妈："我常听人说到'聪明'这个词，怎样才算'聪明'？"妈妈说："聪明很简单，我给你出一个问题，你猜一猜：两头小猪在烂泥塘里打滚玩耍，回到家后，是爱干净的小猪先去洗澡，还是不爱干净的小猪先去洗澡？"

"这个太简单了，当然是爱干净的小猪先去洗！"小猪说。

妈妈只是笑了一下说："可是爱干净的小猪也不是天天要洗澡。"小猪以为自己答错了，连忙说："是不爱干净的小猪先去洗，因为它身上太脏了！"妈妈仍然摇摇头说："不爱干净的小猪也许习惯脏着身子，不去洗。"

"那就是两头小猪都去洗澡！"小猪说，看了看妈妈的脸色，知道自己又错了，连忙说："是两头小猪都没去洗。"妈妈说："都不对，但都有可能，如果你能一次说出四个答案，就说明你考虑问题最周全，这就是聪明。"

一个看似简单的问题，却藏着思维陷阱，小猪的四个答案都是错的，但加在一起却是正确的。很多问题并没有标准答案，很多事都需要多重判断，想到每一种可能，才是周全的回答。这种周全的思维方式，同样是一种"拆得开"。

我们都听过《盲人摸象》的故事，几个盲人去摸一头大象，他们的手触摸到什么，就以为大象是什么样子，于是得出了很多荒谬的结论。现实生活中，我们也经常根据现象的一角，做出错误的推论，却不知现实比我们的想象大得多，复杂得多。如果我们不能多看看，多想想，就不能触摸事物的全貌，更不能找到最准确的应对办法。

同理，在我们的心里，也经常存在这种"一叶障目"的死角。我们常常固执己见，被某个观念蒙蔽，听不进别人的劝告，看不到更多的状况，这就造成了我们为人处世的偏颇。更严重的时候，我们变成了一个心灵上的盲人，以致常常做错事，常常后悔。

乌龟对它的好朋友老鹰说起自己的愿望："一直以来，我都羡慕你，希望能像你一样在天空中自由飞翔，看一看广袤的大地，可我知道直到死，我也无法实现这个愿望。"

老鹰仗义地说："你为什么不早点告诉我？这个愿望我一定帮你实现！明天我带来一根棍子，我抓着一头，你咬着另一头，我就能带你飞上去！"

乌龟欣喜若狂。第二天，老鹰用爪子抓紧一根棍子，乌龟咬住棍子的另一头，只见老鹰展开翅膀，乌龟听到耳边呼呼的风声，转眼间，它到了半空中！乌龟高兴极了，老鹰也很得意，它实现了朋友的愿望，以后，它可以经常带朋友来天上玩。

没想到不到一个钟头，不幸的事发生了，乌龟一头栽了下去。幸好是摔在了湖里，没有死掉。老鹰说："你怎么不牢牢咬紧棍子！多危险啊！"乌龟委屈地说："我一直咬着棍子，但咬的时间太长，我太累了。"

暖心小语

和自己有关的事，过程比结果重要；和他人有关的事，结果比过程重要。

"那你可以告诉我，我就带你飞下来啊！"

"可是我刚松开嘴，就掉了下来！我们下次还是想一个更加周详的办法吧！"

老鹰想帮助朋友实现在天空飞行的愿望，结果却是好心办错事，差点要了乌龟的命。由此可见，助人为乐也要讲究方法，结果不好，费再大的力也不讨好。也许我们早就发现这样一个事实：和自己有关的事，过程比结果重要；和他人有关的事，结果比过程重要。

世界上多数事情也是如此，过程虽然重要，但结果却是人们最看重的。想要达到一个好的结果，就要讲究方法，这个方法就是思考周全，妥善筹划。成功不是一句口号，也不是下定决心排除万难就能办到，或者说，方法不对，需要排除万难，方法对了，也许只有"百难"，那么我们为何不在一开始的时候多想想，省下那些"难"？

想办法也不是容易的事，一来要有丰富的经验，二来我们的思维常有误区，生活中也常出现我们注意不到的死角。这种能力需要在实践中不断提高，不必那么急迫。不论何时，尽量让自己的思考周全一些、缜密一些，你会发现一旦看得全面，事情就不再复杂，苦难也能够迎刃而解。好的结果，自然也就是你的囊中之物。

勿被浮云遮望眼

两只青蛙去旅行，它们游山玩水，最后走到了一个寸草不生的村落。更糟糕的是，它们玩得太开心，走得太远，早就忘了回家的路。此时烈日当空，它们干渴难耐，只希望找个地方喝口水，再找个阴凉的地方睡上一觉。

一只青蛙突然欣喜地大叫："前面有一口井！一口井！"说着跳上前去。只见一口水井里，有一汪看上去清凉透亮的井水。青蛙说："这可真是绝处逢生，我们只要跳下去就能解渴。"它的同伴却说："你别着急往下跳，你先想想，跳下去以后，你还能不能跳上来？"

青蛙仔细观察井的深度，果然超过了自己的跳跃能力，如果方才它直接跳下去，很可能一辈子都跳不出这口枯井了。

多年前一部电影里有这样一句经典口头禅："黎叔很生气，后果很严重。"在生活中，我们也常常用这句"后果很严重"揶揄自己，调侃他人。不过，"后果很严重"并不是一句笑话，就像故事中的青蛙，如果它没思考就跳进一口井里，恐怕要流着泪说："后果很严重。"

做什么事都需要想后果，因为事情是你做的，你需要承担这个后果。如果只是小错误，后果不严重，大概只是心中不舒服一下，郁闷一阵子；如果造成严重后果，长时间地影响自己的心情，造成心理阴影，显然这错误的代价就大了。还有可能影响到自己的事业、前程、人际关系，这个时候，恐怕就要满大街找"后悔药"了。

更多的情况下，后果并非由你一个人承担。如果你承担不了这个后果，就意味着你不仅给自己带来了损失，还会给他人带去麻烦。这样的后果也会极大地影响你在他人心目中的形象，让他人对你的信任度降低。更严重的例子也有，有人没有熄灭一个烟头，造成整栋大楼的火灾——没有人想故意纵火，这样的结果只是因为一时行事疏忽，多么得不偿失。

一个孩子做事总是粗心大意，他的父亲教育他说："不要这么粗心，你没听说过'千里之堤溃于蚁穴'？一点小小的疏忽，就会导致大的漏洞。"

"可是，蚂蚁自己要爬过来的话，大堤有什么办法？"孩子反驳。

"古代人在修建大堤的时候，就会预防白蚁，而且人们经常检查大堤，发现白蚁，就要及时消灭，这样才不会有安全隐患。你呢，平时写作业不是丢个小数点，就是少了一个零，这怎么得了？想想你上次的名次，和第一名差了三分，如果你没有忘记那个小数点，你就是班上的第一名！"

"我不在乎是不是第一名。"孩子嘴硬。父亲说："小数点在卷子上，你可以不在乎。等你长大了，当了设计师，你点错一个小数点，一座楼就塌了，你也能不在乎吗？"孩子终于低下了头。

暖心小语

> 时刻保持危机意识，将危险扼杀在萌芽状态，才能保证安全。

不论是长堤上的白蚁，还是设计图上的小数点，看起来都微不足道，却可以导致重大事故。人祸常常因为微小的疏忽，一些事情在最初的时候可能很简单，一旦它变得过于复杂，就不是我们的意愿能够控制的。所以，在日常生活中，要养成认真的习惯。

认真是一种可贵的品质，也有很多实际的好处，好处之一就是它让我们既有专心致志的品格，又有未雨绸缪的危机意识。我们生活的世界并非那么安全，即使过马路看着路灯踩着斑马线，还可能有意外车祸。在生活中更要多多留神，将危险扼杀在萌芽状态，给自己给他人以安全，这就是人们常说的"防微杜渐"。

危机意识并不是神经质，时刻小心翼翼以为天要塌了，地要震了，每天搞得自己紧张兮兮。防微杜渐也不意味着草木皆兵，每走一步都要左瞧瞧右看看，生怕有什么危险，有什么漏洞。过分小心的人常常因为太过注意脚下，而忽略了大目标。

认真应该是一种习惯，一种心理防御机制，落实在行动上，只需要做事多想一点，多看一眼，多动几下。在心灵上，需要多多思考，多多筹划，多多想想可能的后果，然后做到谨慎即可。谨慎的人往往不会把事情搞复杂，因为在复杂之前，他早已将其拆成简单的一个一个部分，处理得妥妥当当。

做人如山，行事如水

没有人天生就是圣人，品德需要不断培养，不断对缺点加以克服。如果不能常常发现自己的毛病，给自己打个"补丁"，破绽会越来越大，最后变成人格缺陷。而那种不断完善自我的人，即使不是圣人，也值得人们尊敬。

一个芭蕾舞团平日在市里的文艺中心练习，那里的清洁工工资很高，很多清洁工都希望进去工作，但那里的清洁工却说："不要以为这是一个多么轻松的工作，我们的工作强度至少是你们的三倍。"

"可是，一群练舞的小姑娘又不会留下多少垃圾。"有人表示不信。

"垃圾不多，但是，你要随时留意练舞场，不能有一丝灰尘，也不能有一丁点异物。"

"不需要这么严格吧？"

"怎么不需要。你要知道，芭蕾舞鞋很软，地板上的一点异物，都会对舞者的双脚造成伤害，怎么能不小心呢？所以我们每天都要反反复复擦拭很多遍，让那些小姑娘放心练舞。也是因为这个原因，我们的工资才比外面高一些。"

有时候，一个人的性格、行事方式就能代表他的品格，从一件很小的事，就很容易推断出这个人的格调如何。就像故事中的清洁工，他能够明白芭蕾舞者的不易，也明白自己工作的价值，慎重地对待自己的工作。芭蕾舞者奉献了艺术，他就是艺术的护航人，这种在背后默默付出的人值得我们尊重，而他那种细致的做事方式，更值得我们效仿。

如何做到细致？根源还在于我们的观察力，在于我们是否能将一件事"拆开"，照顾到每一个环节，每一个步骤。鲁智深拳打镇关西，不忘先为金翠莲父女留后路，这叫细致；和人乘车先下车为人开门，这也是一种细致。细致可大可小，就看你能不能考虑到。大事上细致的人，即使是粗人，也是粗中有细的智将；小事上细致，虽然可能让人觉得烦琐，但至少他的生活小情小调不断，大家都喜欢与他相处。总之，细致没什么坏处。

常言道："做人如山，行事如水。"水代表的是灵活也是细致，覆盖每一个细节，不留任何空隙，这就是细致。细致的人不易留下破绽，我们警惕破绽，并非时时提防他人，而是因为深知破绽有可能变为祸端，受害者不是他人就是自己。做事细致，就能让我们的一生像精心织造的锦缎，柔美大方，让人欣羡。

有一种幸福叫简单

我们都看过侦探片或者侦探小说，那些大侦探总是能根据蛛丝马迹做出详细的推理，然后在众人的惊讶之下揪出那个根本不像凶手的凶手。侦探就是拆解事件的高手，他们头脑清晰，观察仔细，思考周密，所以才能看到别人漏掉的，想到别人想不到的。在此基础上，他们还能产生一些跳跃联想，从而解决一个又一个的案件。

我们羡慕侦探的头脑，事实上，现实中的聪明人，智商不会比书中的侦探差。因为我们要面对的复杂事态，虽然性质与案件不同，但麻烦程度却不差多少。我们也必须像侦探一样将事情拆解，观察，思考，得出结论，解决问题。这样的经验多了，我们就会发现很多事情其实没有想象的那么复杂，解决事情有时就需要抓住某个关键点，能够突破这个关键点，整个事件便会迎刃而解。

一只兔子正在森林里睡觉，一颗熟透的木瓜砸了下来，落在湖水里发出"咕咚"一声巨响。兔子胆小，以为天要塌了，慌忙逃跑。

途中，兔子遇到乌龟，乌龟问："你为什么慌里慌张的？发生了什么事？"

"不得了了！咕咚一声！天马上要塌下来了！赶快逃命！"兔子说。乌龟听了连忙跟着兔子逃命。一路上，鹿、猴子、羊、牛、马等动物都听说了这个大消息，逃命的队伍越来越庞大。最后，百兽之王狮子说："你们停下来！到底发生了什么事！是谁说天要塌了？"

兔子站出来，绘声绘色地描述了"咕咚"的可怕。狮子带着大家回到湖边，这时，又一颗木瓜掉了下来。

"咕咚！"

动物们面面相觑，随即哈哈大笑。

"咕咚"一声，兔子带着整个森林的动物一起逃命，当动物们知道令它们心惊胆战的不过是一颗掉进湖里的木瓜，它们笑兔子，也笑自己。笑兔子没经过调查就大惊小怪，笑自己没问清楚就随波逐流。但是，兔子长得小，巨大的声音可能真的让它认为世界末日就要来了，真正要怪的还应该是那个没能问清事情的自己。要记住别人害怕的，并不一定是自己害怕的。

每个人都有自己的弱点，对不会爬树的动物而言，一棵树不论笔直还是弯曲，都是复杂的，难以克服的。人与动物不同，人有主观能动性，只要找出那个捆绑自己手脚与心志的弱点，就能想办法克服。最重要的是保持心灵的警觉，不要被其他人的言语和行动所迷惑，轻易地对事物下了定论，认为困难不可克服，自己一定束手无策。倘若如此，不是事情复杂，是别人把事情说得太复杂，你把事情想得太复杂。

暖心小语

不是事情复杂，是别人把事情说得太复杂，你把事情想得太复杂。

做手术的人大多有这样的经验：手术前每天都在紧张，听别人说手术如何疼，如何危险，如何麻烦，听多了就会想手术是一件九死一生的事。但多数上过手术台的人却知道，手术不过是眼一闭，睁开眼时已经在病床上。疼上一阵子，养上一阵子，病好了，身体也好了。很多复杂的认识就像手术，都是经过旁人夸大才产生的，事实上并没有那么严重。没经历的可以自己亲自看看，没有条件亲自看，至少要保持怀疑，不要轻易胆怯，更不能人云亦云。唯有如此，才能做一个看破假象、直击核心的聪明人。

斗志不斗气，是一种涵养

在一次音乐歌手颁奖晚会上，得到大奖的歌手意气风发。当记者们请他评价对手们的作品，歌手很谨慎，说了一些客套话。记者们又请他谈谈刚刚崭露名号的新歌手，这一次，歌手显露了狂傲的本性。他说："那个歌手吗？他的观念老土，音乐里充满了炫技与猎奇，全都是为了吸引人眼球搞的小动作。这种歌手走不远，不会有什么成绩。"

谁知被谈到的新歌手就站在附近，在场的人面露尴尬，而那位新歌手却像没事人一样说："前辈提点后辈是正常事。"大家都很佩服新歌手的气度，很多人认为他一定能成大器。

后来，这位新歌手果然走出了一条自己的音乐道路，几年之后，他拿了很多音乐大奖；而当年那个评价他的歌手早已被人们遗忘。

被他人当面挖苦指责是一件尴尬的事，如果双方都是气盛之人，很有可能产生严重冲突。在这个故事中，当众让人难堪的歌手显然有错，难得的是那个被他批评的人，他的回答避重就轻，既避开了和那位前辈歌手的冲突，又没有让自己失去颜面。他知道来日方长，要维护自己的自尊，最好的办法不是和对方争执，而是拿出成绩。

斗志不斗气，是一种涵养。斗气解决不了任何实际问题，只会让事态更加严重。我们难免遇到让我们肝火上升的情况，有时是面子挂不住，有时是被别有用心的人嘲讽，有时是听到一些闲言碎语。如果较真和别人一一争吵，那会浪费多少时间和精力？又会毁掉我们的好心情与好形象。计较一时，不如讲究韬略，像故事中的后辈歌手那样，用实际成就告诉对手：风水轮流转，谁也不要得意太久。

用成绩化解尴尬，是一种智慧。有大将之风的人才能以如此方法将尴尬"拆开"，转化为动力。靠气性做事，不如靠志气做事，后者比前者更有耐力，更有涵养，也更容易取得较大的成就。一时意气只能使自己得到一时的畅快，但一时而起的志气却能让自己一世受益，两相比较，耍志气比耍意气更有前途。

古时候，骡子和驴子都是运货的常用牲畜。骡子的体力比驴子好，很受商人们欢迎。可是骡子也有一个毛病，它们的脾气不好。若是赶上它们不高兴，任凭主人怎么哄，它们的四个蹄子就像钉子钉在地上一样，一步也不肯动。

一个小长工就遇到过这样的麻烦。他帮主人送炒熟的麦子，没想到骡子半路尥蹶子，动也不动。小长工急得拿起鞭子，路过的老人制止说："别打它！骡子脾气拧，打也没

暖心小语

用成绩化解尴尬，是一种智慧。

用，你在它嘴里塞一把泥！"

"塞了泥它难道就走路了？"小长工问。老人说："嘴里有泥，骡子的注意力转移，就会忘记刚才生气的原因，想要赶紧把泥吐出来。这个时候，你就可以慢慢地赶它上路。"

骡子脾气犟，它生气的时候谁拉也不肯走。这个时候，只要转移一下它的注意力，就能让它乖乖顺着你的意思。人的脾气当然比动物复杂得多，但犯起拧来，却是不相上下。俗语说一个人上了脾气，"九头牛也拉不回来"。这脾气，在多数情况下都是无理性的，他们让自己沉浸在不快的情绪中，对自己无益，也解决不了什么事。

所以，一个人需要懂得如何克制自己的脾气，这就需要他在肝火上升的时候，迅速找到转移注意力的方法，把自己的注意力放在其他事情上，就不会与怒气纠缠不清，也不会因为一时意气铸下大错。其实尴尬的局面是对一个人修为的考验。这个时候，你要"拆得开"，要明白忍住一时之气，显得自己有涵养，也显得对方没风度。之后能够用成绩证明自己，更是让对方一口气憋在心里，这就是真正的胜利。

古代圣人教导我们："三思而后行。"在与人发生矛盾时，要牢记这句祖训。人们都说："火气一上来，哪里忍得住。"那么不妨在要生气的时候让自己忍耐 30 秒，忍过最初 30 秒，接下来就能告诉自己："最气的时候都忍了，还有什么忍不住？"忍住一时之气，但不可失掉志气，要用实际行动向人证明自己的能力，才是真正的成功、真正的作为。

得失随缘，心无增减

有一智者经过森林，遇到一只机灵的猴子。猴子向智者作了个揖，恭敬地说："我听说您有神通法力，特在这里等候。我早就想变成一个人，你能帮我实现这个愿望吗？"智者说："这个简单，猴本就有人性，只要拔了你身上的毛，你就能当一个人。"

猴子很高兴，当即就让智者为自己拔毛。智者用力拔下一根猴毛，猴子蹿到半空，痛得龇牙咧嘴，大叫道："不拔了！不拔了！疼死我了！"

智者苦笑道："有得必有失，想要得到就要先受苦。猴子要变成人，这是多么困难的一件事，你竟然想要一毛不拔就达到这个效果？"

"一毛不拔"是个有趣的成语，生动地说明了何谓吝啬。其实它更适合人们用来自我检讨，人们对待自己很宽容、很慷慨，对待他人却很吝啬，甚至一毛不拔。付出的时候，都要再三掂量，这就造成了我们手中或者心中塞满了东西。试想一个背包塞满了东西，容量终究有限，只有舍弃掉无用的，才能将有用的放进去。

古语说："将欲取之，必先予之。"在商场里，我们都知道以钱易物，其实生活也是同样的道理。单方面无条件地付出很少有，很多东西都需要交换，以青春换取成就，以劳作换取成果。事实上，这种交换只是一个取舍的过程，舍弃一些东西，才能得到另外一些更重要的东西，这就是生活的道理。

　　人们常常在取舍之间游移，想要得到，又舍不得放弃手里握着的，这恐怕是每个人都有的烦恼。但生活不能三心二意，否则恐怕连一个都得不到。选择复杂吗？拆开来看，选择一点也不复杂。在选择面前，只要问问自己：什么最重要？这个"最重要"，不论是心灵上的，还是物质上的，只要是你最需要的，或者最喜欢的，都值得你放弃一些东西去得到；如果放不下，就要和最重要的东西失之交臂。

　　徐磊在大学时就是学校的风云人物，老师和同学都对他赞不绝口。徐磊不但成绩优秀，更难得的是"少年老成，会做人"。大学刚毕业，他就被一知名企业录用。

　　徐磊进入公司后勤勤恳恳，经常主动加班，很得领导器重，不到一年，他就得到了独自做企划的机会。为了这个企划案，徐磊更是勤奋调研，做到每一个细节都完善周详。几个月后，这个方案在众多方案中脱颖而出，得到总公司的批准，将在国际市场上试用。

　　徐磊的上司首先来祝贺徐磊，并代表总公司发给徐磊奖金，徐磊却谦虚地给上级写了一封邮件，说这个机会是上司给的，在研发过程中经常受到上司的指点，这笔奖金首先应该给自己的上司。而且在工作过程中，自己得到了同事的帮助，剩下的奖金也应该与同事们均分。

　　这件事之后，不但上司对徐磊的印象越来越好，一有重要的工作就想到他，就连一向不服气的同事们也都对徐磊竖起了大拇指，徐磊在公司的威望越来越高。

想做事先做人，说的就是徐磊这样的人。徐磊会做人，表现在他懂得拿捏取舍之间的关系。他看似吃亏，损失了一些奖金，实际上他没有什么损失，反而得到更多机会，包括上司的赏识，同事的信任，总公司的器重。这样的"舍"换来的"得"，足以看出这个人的聪慧。如果能够明辨得失，把握取舍的"度"，我们的人生将会更加顺畅。

取舍是一种生活艺术，能够让人通过"舍"，来达到更多的"取"。美国总统华盛顿在年幼的时候，父亲曾教导他说："你如果想让别人为你做什么，你首先要帮助别人做到他想做的事。"这是父亲在教孩子做人的基本道理：不要只想索取，要学会付出。世界上没有那么多只求付出不问索取的圣人，先索取后付出，稍显功利；先付出后索取，才是真诚。

人生就是一个取舍的过程，因为舍不得，世事才变得复杂，舍不得的东西越多，人心就越浮躁。所有复杂不过是一取一舍，想得明白自己坚持着什么，最想得到什么，自然不会在取舍之间徘徊不定。即使选择得不那么痛快，也要这样安慰自己：想要活得坦荡、轻松，就在付出的时候，想想自己的得到；在舍弃的时候，看看自己的收获。

第3辑
任你雨打风吹，我自向阳飞翔

无论生活或顺利，或坎坷，只需努力向着阳光的方向生长，就会发现，不经意间，所欠的东风已经悄然而至。乘着东风，让梦想飞扬！

幸福就是心灵的满足

猎人的后代从小就要练习射箭，部落里有一个传统：初次练习射箭的人，手里只能拿一支箭。有些学习弓箭的孩子抗议说："我们只是初学者，怎么可能一次就射准？应该让我们多拿几支箭，哪怕多拿一支也行！"

部落里的神射手说："我像你们这么大的时候，就遵守着这个规定，直到几年后我才明白祖先们的意思。手里如果有两支箭，射第一支的时候就会想'这一箭射不好没有关系，反正还有一支'。这样一想，就射不好第一支箭，也许连第二支都射不好。"

初学者不拿两支箭是游牧部落的祖训。这个祖训有两重意思，第一重是说对待射箭要专心致志，每一支箭都要做到最好；第二重意思是说做事不要给自己留后手，就像作战时候不能想到后退，否则就不易胜利。这条祖训实际上是在告诉人们：做一个对自己有严格要求的人，因为机会只有一次，心志不坚定的人就会错过。

在很多时候，我们都能深切地感受到机会只有一次，抓得住的就是胜利者，抓不住的未必算失败，但心里总会有所不甘；在两个选择中，我们也只能选一个，想要两手抓的人，常常一个也抓不住；我们心中常常产生一正一反两个念头，无法决定，这让我们变得优柔寡断……这些情况就如手中的"两支箭"，这会造成不论我们做什么，都不能全力以赴。

我们必须明白，生活没有后手，在周密筹划一件事的时候，想到后路很重要，但在具体做这件事的时候，要当作这条后路并不存在。人在压力下才能够爆发出极大的潜力，所以，不要给自己留后手，是在逼迫自己，也是在激励自己。何况，事情的关键点只有一个，集中精力对待这一点才是最重要的。能够一次成型的事，不要做第二次，浪费了时间。一击即中永远是最快、最有效的行事方式。

从前有个法国青年兴趣很广，心得全无，他经常一头热地投入一项"事业"，却没有任何收获，为此他充满烦恼。他的父亲有个朋友，是著名昆虫学家法布尔，青年人决定向法布尔请教成就事业的秘诀。

"按照你说的话，你是一个对事业充满热忱的人，那么，说说你热爱的事业吧。"听了青年人的诉苦，法布尔说。

暖心小语

一击即中永远是最快、最有效的行事方式。

"我酷爱文学，想要成为法兰西学院的诗人；我的小提琴拉得很好，以后有机会成为一个音乐家；更难得的是，我也喜欢自然，经常观察植物，想成为一个植物学家……"

法布尔打断年轻人的话，拿出一个凸透镜说："你说说，怎样通过这个凸透镜点燃一张白纸？"年轻人说："当然是将太阳光聚集在凸透镜的中心，一直对着一个点！"

"没错，现在你就是一个凸透镜，如果你不对准一个点，怎么能生火呢？"法布尔说。

故事里的青年爱好多多，心得全无，犯了眼高手低的毛病。法布尔让他找准一个点继续发展，因为每个人精力有限，只有把这些精力集中到一点，才能有所成就。这也就是古语说的"有所为有所不为"。看到"不为"，是因为能够审时度势，有"不为"，才能竭尽全力有"所为"，这就是明智。

这个故事还可以进一步延伸，就是青年应该如何选择自己的事业。不给自己留后手是一种勇气，但做人不能傻气，如果发现手里的箭不对劲，及时换掉很重要，不要射出一支根本不适合自己的箭。没有选对方向不可怕，可怕的是一直在错误的方向走。那样耽误的是自己的前程，甚至可能让自己一生都碌碌无为。

在众多选择中，选哪一个最好？明智的人都知道，要选最适合自己的那个，或者自己最喜欢的那个。最适合自己的，才能让自己一直保持高度的热情，容易取得成绩。最喜欢的，因为喜欢，就算没有成绩，也能无怨无悔——人生，最重要的不是抓住成绩，而是抓住心灵的满足，那才是真正的幸福。

做一个"准备好的人"

兰兰和小梅是一对好朋友，兰兰是护校生，小梅在职高读酒店管理。这天两个人在一起闲聊，兰兰说起她最近每晚都去打工，在一个英国人家里做钟点工，可是那个英国老太太十分挑剔，还经常纠正她的英文，让她烦不胜烦。

小梅却说："我认为这是一个好工作，就算工资低点，老太太挑剔点，如果能学到地道的英语，不是很值得吗？"兰兰说："你别逗了，还地道的英语呢，我准备今天就辞职。"

小梅没办法，只好说："那么，你愿意将这个工作让给我吗？"兰兰爽快地同意了。

小梅开始在英国人家里做钟点工，英国老太太比兰兰说的还要挑剔，不但纠正小梅的会话问题，就连小梅走路的姿势，她也看不顺眼，常常说她不符合淑女规范。每次老太太大发议论，小梅就会虚心请教，然后按照老太太的指示去做。久而久之，不但老太太喜欢她，她的口语、仪态、习惯都得到了规范。

两年后，靠着这些东西，职高毕业的小梅进入了一家跨国宾馆，经理说："你的口语和仪态，都不像是一个职高毕业的学生，相信你有机会进入英国总公司发展。"

同样一份工作，同样一个要求过多的雇主，有的人看到苛刻，有的人看到机会。看问题的时候，要看那些对自己有利的方面，不要太计较自己受到的"不公正待遇"，仔细衡量出得失，这就是明智的人看问题的方法。故事中的小梅靠着自己的勤奋和努力，不但得到了雇主的喜欢，还得到了求之不得的锻炼机会。能抓住机会的人，永远是幸运者。

　　任何事情都有两面性，即使是极大的困难，也藏着机遇的种子。比如，在工作中遇到了挑剔的上司，挑剔从另一个角度来看就是严格，严格的上司往往能造就优秀的下属。在明智的人看来，这就是机遇。有的人喜欢找那些清闲的事情做，有人偏去做那些困难的、看似无法完成的事。他们有意识地锻炼自己，明白在困难中能够学到更多的东西，得到更大的提升，所以他们能够抓住更多机遇，比那些贪图清闲的人走得更远。

　　对于一个有事业心的人来说，机遇至关重要。有的时候，我们没有那么精准的眼光，不知道何时能够碰到机遇，也不知道如何抓住机会。但也不用因此悲观，有句名言说："机遇只青睐于那些准备好的人。"我们能做的就是当那个"准备好的人"。

　　一个部落在草原上迁徙，寻找新的家园。当他们在一座大山里跋涉时，一位老人出现在他们面前，对他们说："我是太白金星，你们的坚毅和虔诚让玉皇大帝感动，从现在开始，你们每个人都可以捡起地上的石头，这些石头会给你们带来好运。"

暖心小语

　　任何事情都有两面性，即使是极大的困难，也藏着机遇的种子。

牧人们谁也不敢相信老人的话，何况在旅途中，捡一堆石头增加自己的重量是件傻事。牧民们认为老人在戏弄自己，只有几个人捡起一两块小石子放进口袋。

第二天早晨，牧民们惊奇地发现，那几个人口袋里的石头变成了名贵的宝石。他们一齐大呼，然后开始后悔：为什么昨天自己不捡一些宝石呢？

如何当一个"准备好的人"？最重要的是要懂得判断，抓得住一切有用的东西。就拿上文的故事做例子，一群风尘仆仆的牧民很难相信几块石头能给自己带来好运，他们不肯增加自己行李的重量。从另一个角度想，几块石头能增加多少重量？根本不会给他们带去负担，姑且听之，拿上几块，能够带来运气，是赚到了，不能带来，也没有损失。

对他人说的话，不要轻信，也不要不信，找到让自己受益的方法，就是一种明智。在我们缺乏经验的时候，他人的指点既可能让我们受益，又可能让我们避免误入歧途。成功虽然不能复制，但我们必须多多参考那些成功者的经验，看看他们是如何准备，如何面对机遇的。

成功者在未成功之时，比其他人更踏实，埋头苦干，很少抱怨。他们最大的特点就是不论做什么，都要比别人多做一些，多知道一些，然后从中摸索经验，找出机遇。这个时候，他们已经充分做好准备，让自己更进一步。我们不需要完全重复成功者的道路，但一定要具备成功者的品格，在日复一日的努力中抓住最关键的机遇，看得更多，自然走得更远。

错过星星时你哭泣，也会错过月光

猎人带年幼的儿子去打猎，在林子里抓到一只小鹿。猎人对儿子说："这只鹿可以留给你当宠物，现在你牵住它，乖乖在这里等我，我去找找有没有其他猎物。"

儿子很高兴，牵着小鹿等待父亲。谁知小鹿力气很大，竟然挣开绳子逃走了。儿子一路追赶，到了一条小河旁，再也看不到小鹿的踪影，他伤心地哭了起来。

晚上，猎人带着猎物回到原地，看到儿子哭得伤心，就问："小鹿呢？你哭什么？"儿子说："逃跑了，我怎么追也追不上。"猎人无奈地说："所以你就一直坐在这里哭吗？你知道吗，我刚刚看到一大群鹿在这边经过，如果你没有低着头哭个没完，就能拿起弓箭，再打好几只小鹿。你为了一只小鹿，失去了一个鹿群！"

因为一只小鹿失去整个鹿群，这种因小失大是最让人遗憾的。并非没有机会，也不是能力不够，仅仅是判断出现错误，或者太过重视眼前的东西，就造成莫大的损失。会有这种情况，是因为人们不能够随时随地认准自己的目标，或者人们把目标定得太小，标准定得太低，只盯着眼前的一点东西，看不到更大的利益。

凡事都有"小"与"大"之分，明智的人都有大局意识。大局，就是那些能够决定自己人生走向，奠定自己未来发展的事，这些事在人的一生中最有决定意义，必须牢牢抓住。在小事上，大局表现在人们能否在近前的利益面前想到背后的东西，是否会因为一时的状况不佳耽误到事情的进展。那些能够克制自己，服从目标的人，就是有大局意识的人，他们抓住的，基本是"大"，而目光短浅的人，只能得到"小"。

一对夫妻生活在一个山村，他们日出而作，日落而息。每天早晨，丈夫带着妻子头天晚上做好的饭去田里种地，妻子在家里织布、做饭、收拾房子，日子平凡而幸福。

有一天晚上，丈夫高兴地冲进屋子，对妻子说："我们发财了！我们发财了！"说着，他从衣服里拿出几个刻着彩色花纹的古董盘子。丈夫说："我在锄地的时候挖到了这些东西，听说前段日子官府正在追捕强盗，这一定是强盗偷偷埋在地里的。"

"这么说来，我们可以卖掉它们。"妻子说。

"不行，有可能这些东西是官府正在追缴的赃物。"丈夫深思熟虑地说，"现在不能卖。"

"那么，我们先把它们收起来吧。"妻子说。

"等等，我要仔细看看它们，它们一定值很多很多钱！"丈夫爱不释手地捧着盘子，琢磨了一个晚上。第二天，他躺在床上呼呼大睡，妻子催促他去干活，他说："我们就要发大财了，为什么要干活？"第三天、第四天、第五天······终于有一天，妻子忍无可忍，将盘子扔进村口的河里，盘子被河水冲走。她对丈夫说："别再做梦了！就算这些盘子真的值钱，你也不能因为几个盘子就不工作！赶快反省一下你都做了什么！明天照旧去地里干活！"

故事里的农夫就是一个分不清大小的人，他以为自己得到了意外的财富，为此连耕地都忘了，只顾着做白日梦。但他并不知道这笔财富的来源，也可能给他带来一次横祸。就算没有横祸，因为一笔钱改变了他勤劳的禀性，也是这个人最大的损失。他的妻子是个明白人，知道最重要的是守自己的本分，靠自己的双手劳作，她果断地扔掉了古董盘子，也扔掉了农夫的好逸恶劳，相对于农夫的一时贪念，妻子是明智的。

认准目标是成功的一个方面，不耽误目标则是另一方面。有些人能够认准目标，但是，当诱惑出现的时候，他们往往会改弦更张，这样的人同样不够明智。因为当人们认定一个目标时，那个目标代表了他的判断，可能是最适合他的，如果一点诱惑就打消这个判断，此后心志就会越来越不坚定，越来越容易被诱惑，他们定下的目标就会常常被耽误。

想要做成一件事需要坚持，坚持那个关键点，才能不被微末的小事阻碍脚步。不必理会路边有多少值得尝试的事物，也不必因一时得失耿耿于怀。有的时候，死心眼儿一点也没什么不好，适当的固执，恰恰能够保证人们不会因小失大。

修剪个性的枝蔓

古代有位将军，行军打仗本事一流，他的声名传遍国内国外，但这位将军脾气不好，为人暴躁，得罪过不少人，犯了不少错误。这一天，将军请教一位有名的智者，智者说："我想这件事不用我再给你提点，你应该改掉你的脾气。"

"可是，我的脾气是天生的，根本改不了！"将军说。

"既然是天生的，一定时时刻刻都在你身上，现在请你把这脾气拿出来给我看看。"

"现在拿不出来，但我一与人争执，它就出来了。"将军说。

"既然不是时时刻刻拿得出来，那就是你自己控制不住，不能把责任推给上天，你现在和我说话能够心平气和，为什么与人争执的时候不能呢？"

将军被数落一顿，终于承认自己的错误。此后，他果然越来越会控制自己的脾气。

俗话说，江山易改本性难移。故事里的将军认为脾气是天生的，只能烦恼不能改。每个人都有天生的脾气，特别是在复杂的情况下，人容易激动，这时就会把脾气暴露无遗。好的脾气会给人带来益处，坏的脾气却可能成为一个人的弱点，给人带来灾难。

人生的关键在于选择，命运的关键在于性格。明智的人善于选择，也明白个性的重要，所以修身养性历来为人称道。什么样的个性最好，仁者见仁智者见智，但有些性子，如果不加以控制，任性使气，到头来吃亏的还是自己。在故事中，智者说没有东西是改不掉的，所谓改就是控制。只要能够时时警惕自己，常常反省自己言行上的过失，并在生活中对自己的脾气加以节制，至少能够克制它的危害。

　　人都有任性的一面，由着性子最舒服，控制性子就像给自己戴了个脚镣，所以，世界所有事中，为难自己是最难的。但是，你不去为难自己，自然有人要为难你，与其等到大难临头才后悔，不如在一开始克制住自己的脾气，实现心灵的良性循环。

　　19 世纪是英国的"日不落时代"，那时英国在位的女王是维多利亚，她是帝国的拥有者，有至高无上的地位。她的丈夫叫阿尔伯特，是一个性格温和的男人，一直全心全意地爱护、辅佐维多利亚女王。

　　夫妻之间难免产生不和，皇室夫妻也不例外。维多利亚女王从小性格高傲，天生的地位使她做什么事都很傲慢，连对待自己的丈夫，也常常摆出女王的架子。阿尔伯特决定给女王一个教训。

　　这一天，他们又因为小事发生争吵，阿尔伯特亲王把自己关在房里，反锁房门。晚上，女王来敲门，倨傲地说："快点给英国女王打开房门。"

　　阿尔伯特亲王没有理会，在书桌旁看自己的书，维多利亚女王一个人站在门外，反思良久，才轻轻敲了敲门。亲王问："谁？"女王说："是我，你的妻子维多利亚。"

门开了，面带笑意的亲王站在女王面前。

作为"日不落帝国"的女王，维多利亚身份尊贵，没有人能够逆着她的性子。她的丈夫阿尔伯特亲王却用温和夹着严厉的手段提醒她：在别人面前，你是女王；在丈夫面前，你是妻子。一个妻子对待丈夫应该尊重，即使她是一位女王。女王很聪明，马上更改了自己的称呼，可见没有改不掉的脾气，只有不愿戒掉的心性。

雨果说："被人揭下面具是一种失败，自己揭下面具却是一种胜利。"在别人指出自己失误的时候，要敢于承认自己的错误，更要及时改正这个错误，这就是聪明。而那些不待他人指出，就已经能察觉自己的毛病，努力加以改善的人，则是智者。

性格决定命运，而我们的心灵可以决定自己的性格。也许我们的努力不能改变个性的内核，但至少能够修剪它的枝蔓，让它向着良好的方向发展，给自己和他人以阴凉，而不是荆棘。修身养性，牢牢控制自己的个性，就是抓住命运的关键。常常检讨自己，修正个性上的缺失，就是最大的修行，这是每个人都应该领悟的道理。

花开堪折直须折

　　狼妈妈觅食回家，发现两只小狼被绑在两棵树上。它心一慌，一定是有人类来过这里，将小狼绑在树上，是为了叫更多的人来将它们抓走。

　　"一定要趁人类回来之前救下孩子！"狼妈妈想。它开始努力地对着一棵树上的绳子抓咬，被绑在另一棵树上的小狼大叫起来。狼妈妈连忙跑到另一棵树旁，刚刚咬了一阵，那边的小狼又大哭着让妈妈来救自己。狼妈妈左右奔波，最后，它没有救下一只小狼，反倒被赶过来的猎人用网抓了起来。

　　如果狼妈妈能确定一个目标，集中用力，至少它能救下一个孩子，还能保住自己的平安。优柔寡断的结果，就是耽误时机，招致祸患。

　　狼妈妈发现孩子被人类抓住，它的心里未尝不知道时间有限，也许只能救一个孩子，但母子连心，它忍受不了另一个孩子凄惨的求救声，只能左右奔波。假设它能集中精力，尽快救下一个，然后母子齐心再救一个，未必不能成功。坏就坏在狼妈妈的犹豫耽误了时间，也错过了皆大欢喜的团圆机会。

　　我们经常因为犹豫错失良机，犹豫是我们常有的心理状态，有时表现为优柔寡断，游移不定；有时表现为左右为难，两边站不稳；有时表现为瞻前顾后，拿不定主意……人们为什么会犹豫？因为对自己的决定无法完全信任，他们总想着也许还有更好的方法，也许自己遗漏了什么。不能抓住关键点的人，总会拿无数个"可能"折磨自己。

在机会面前，在选择面前，我们需要平静，需要明智，这样才能避免犹豫不决。我们总是想要将事情反复权衡，做到万无一失，但我们拥有的时间太少，容不得举棋不定，更容不得反反复复。更多的时候，我们需要果断，需要速战速决。也许我们还没有锻炼出在最短的时间做出最佳决策的那种能力，但至少我们要敢于做出决断，即使那决断是错的，也是一种锻炼，好过失去机会。

一个富翁爱酒，酒窖里藏了各种各样的好酒，其中一个罐里藏着世间罕见的老年份杜康，富翁自信就算是皇上的酒窖里，也没有这么好的货色。如此好酒，必须等到一个最佳时机打开，或者自斟自饮，或者与身份高贵的人一同品尝，富翁一直在等待这个"最佳时机"。

寒来暑往，几次富翁做大寿，都想打开这罐酒，每次下了决心随即犹豫："如果有更好的机会呢？"有时家里来了尊贵的客人，富翁也想捧出这罐酒，但刚刚碰到瓷罐又对自己说："万一有更尊贵的客人来呢？"直到富翁死去，他也没能打开这罐酒。在他的葬礼上，他的儿子不明就里，将酒窖里的酒拿出来款待来宾。那罐珍贵的酒，也糊里糊涂地进了别人的肚子，谁也不知道它的价值。

富翁想等到一个最佳时机捧出他最珍贵的好酒，直到他死的那天，这个时机也没有出现。也许这个时机早就出现了，只是他没有看到，白白放过。其实"最佳"是一个主观色彩强烈的词，只要自己认定是最佳就可以，富翁等不到，是因为他心里一直不甘心白白喝掉一壶好酒。但好酒的价值在于品味，将它闲置，才是真正的浪费。

酒越存放越香醇，人却不然，世事更是如此。岁月经不起蹉跎，明智的人必须克制犹豫。犹豫的最大表现就是等待，尚未拥有的人在等待，希望有一天能有好机会；拥有的人也在等待，希望得到更好的。等待的人怀着莫大希望，到最后却两手空空；没有的辜负了自身的条件，拥有的浪费了自己的所有物。因为不可知的未来，放弃了实实在在的当下，这就是糊涂。

不要为目标以外的事物犹豫，要牢牢抓住生命的意义所在。雄鹰的意义在于飞翔，不会在意翅膀上的羽毛是不是漂亮，做人也应如此。心有旁骛就会浪费天生的才能，在最恰当的时候，要做最恰当的事，不要犹豫。正如人们常说："花开堪折直须折，莫待无花空折枝。"

寻找生活细微的闪光点

一位智者路过树林，见一工人正在一棵高树上砍伐树枝，智者就在树下看着工人。等到工人砍伐完毕，准备下树，智者说："施主请慢来，不要摔伤自己。"然后将工人脚下何处有粗枝一一说明，工人安然下树。

路过的人问那位智者："您真是一个奇怪的人，刚才工人在树顶，那么高，那么危险，你不出言提醒他，等到他要下树的时候才说话。"

智者说："当他站在树上，他知道自己身在险境，自然会加倍小心，这时候，我如果说话，就会让他分心；他做完活想要下树的时候，放松警惕，我这个时候提醒他，他才不会因为细小的疏忽而遇到危险。"

当别人看似危险的时候，智者不出声，因为危险中的人自会小心翼翼。智者想要提醒的是那些看似不存在的风险，这些风险称不上危险，但一个不小心，也容易发生意外。智者的做法周详，他知道世间多数人都会注意关节，却常常忽视细节，而细节有时却能决定一件事的成败，在某些情况下，它也会成为关键点。

一件事有关节、有细节。关节，就是那些决定事物性质和走向的东西，细节，就是那些起辅助作用的部分。拿盖房子为例，打地基、支房梁、砌砖瓦叫作关节，而房顶盖什么样的瓦，地面铺什么样的瓷砖就叫细节。一件事最重要的部分无疑是关节，没有关节，细节再好也没用，房檐用上好的琉璃瓦，地板用最好的木头，倘若房梁塌了，一切苦工都是白费。

细节看似没有关节重要，实则不然。细节代表一个人做事的用心程度，有好的细节，就能将关节完善，做到真正的十全十美。还有更重要的一点是，关节大都是相似的，就如房梁和地基，盖来盖去只有那么几个样式。能够决定层次的是出色的细节，细节做得好，房子看上去就好；细节做不好，它只是一个呆板的屋子。所以人们常说："细节决定成败。"

三个工人去应聘仓库管理员这一职位，经理说："你们三个的简历我已经看过。现在已经是中午时间，按照我们公司的习惯，请你们去公司的食堂吃一顿午饭，然后你们再回去等消息。"

听到有免费的午饭，三个工人很高兴，他们坐在一张桌子上吃饭，那位经理就坐在他们邻桌。吃过饭后，经理对其中一个工人说："恭喜你，我认为你适合仓库管理员这一职务，你什么时候方便上班？"

另外两个人不服气地说："请问您的评判标准究竟是什么？我们的资历并不比他差。"

经理回答："你们吃饭的时候，我一直在旁边仔细观察，我发现你们二位吃饭时狼吞虎咽，还掉了很多食物在桌子上。而这个人却会把最后一粒米饭都吃进自己嘴里，他更懂得节省和珍惜，这是一个仓库管理员应该具有的品质。"

暖心小语

细节和关节同样重要，都可以决定成败。

仓库管理员这个职位，工作内容虽然简

单，却是一个公司很重要的部分，经理首先要看的是人品和习惯，而不是其他。有人因为懂得节约得到这个工作，他靠的是自己早已养成的不浪费的习惯，这一个细微的闪光点，使他得到机会。在日常生活中，我们要注意自己的言行举止，养成一个好习惯，会使自己终身受益。

生活上的细节要仔细对待，心灵上的细节也不容有闪失，后者比前者更加重要，因为有了后者，前者就会紧随而来。如果说志向、性格、思考能力是心灵的关节，那么对一件事直觉性的判断，对具体事情的立场，对自己、对他人的态度就是心灵的细节，这些事看似只是个人爱好问题，却最能体现一个人的品质。

举个简单的例子，在公共场合，有人会毫不遮掩地大声讲电话，吵得身边的人只能大声说话；有些人却会捂住嘴巴低语，尽量不吵到别人。这是一个细节，却反映了两种态度，一种旁若无人，只想到自己；一种注意影响，尽量不打扰他人。在寻常生活中，没有那么多大是大非来考量人们的品德，只有这些小细节才是他人评判的基础。在任何时候都不要忽视细节，那代表的是你的能力与品质。一个人拥有良好的品质，走到哪里都会受人欢迎。

一念地狱，一念天堂

有个青年去拜访山间智者，询问极乐世界与地狱分别都在哪里。智者说："极乐与地狱，都在我们心间。"青年摇头表示不解。

智者突然开始咒骂这个青年，他的言语恶毒，青年大吃一惊，连忙询问智者是否不舒服。没想到智者越骂越过分，说青年是个一事无成的纨绔子弟，竟然还不知好歹地来拜访自己，真是脏了自家的地板。青年再也遏制不住自己的怒火，挥拳向智者打去。智者连连躲闪，对青年说："现在你是在地狱呢，还是在极乐世界？"

青年冷静下来，想起自己刚才面目狰狞，可不是就像地狱中的恶鬼？而想通后的自己面容祥和，难道不像是在极乐世界？可见地狱与极乐，的确就在人的一念之间。

智者说，地狱和极乐都在我们心间。当你愿意用一颗开朗温和的心面对别人，世界就是天堂；如果心中充满怨恨与不忿，世界就是地狱。我们不论做多少事，都是为了满足心灵的需要，选择天堂还是地狱，都在我们一念之间，这个"一念"非常重要，它决定了我们的心情，影响着我们的生活。

每一天我们都有很多念头，与人相处时，如果存有善念，就会使二人的关系向着好的方向发展；反之，则可能结下仇恨。我们能掌握住的不过是意念浮动的那一刻，如何才能保持对人的友善？要记得对他人友善就是对自己宽容。不论天堂或地狱，离不开他人的态度，何必与人纷争不休？人与人最关键的并不是冲突，而是共存的愿望。

既然是同一个念头，为什么不让自己多想一些善念？善良的人因为内心有光明，才能在看穿世事之时仍然保留自己的梦想，保留对他人的信任。对于一个生命来说，什么是关键？人心的纯洁就是关键。守住内心的单纯，生活就是天堂，至少自己能够筑起一个天堂。在这个天堂里，人与人的关系更多的是牵挂，即使有辛苦，有极大的艰难，也不会觉得心累。

一只驴一生为主人操劳，老了以后，主人心善，希望它颐养天年，就不再让它干重活，每天拉点不沉的货物，大部分时间，放它在家里悠闲度日。这一天，驴子老眼昏花，掉进路边的一口枯井中。枯井很深，驴子跃不出去，主人也碰不到驴子，井外的人无计可施。

驴子在井中抱怨自己太不小心，听到井外主人唤着它的名字，禁不住一阵难过。主人实在没有办法，驴子也知道自己出不了这口井，看来只能死在这里。

第二天，主人拿铁锹将井周围的土弄到井里，驴子以为主人要埋了自己，万念俱灰，闭上眼等死。突然，它想到主人的慈爱，想到自己的朋友们，它越来越不想死，就睁开眼睛拼命想办法。土不断落在它肩上，它灵机一动，将土踩在脚下，没多久，井被填满，驴子也顺利脱险。它有点后怕，幸好自己没有放弃一线生机，不然，这口井就是自己的棺材！

暖心小语

选择天堂还是地狱，都在我们一念之间。

生与死有时也在一念之间。故事中的驴子可谓"置之死地而后生"，它没有放弃一线生机，于是得到了转机，这样的"一念"是福音，驴子抓住了这个机会。那些自怨自艾，无所作为，任由自己消沉的是不智之人；能够将劣势转化为优势，凭借自己的努力扭转局势的人，就是明智之人。生死一线之间，明智，就是对生命的不放弃。

让我们重新审视一下"明智"这个词，明与智，明在前，智在后，明就是光明，即使身边一团黑暗，看不到转机与希望，也要相信一切皆有可能，只要坚持，就有希望。明智者会把阴影留在身后，相信光明就在前方。在行事之时，明辨是非，看准时机和关节；在独处之时，反思自己，尽量做到克制与从容。人生道路漫长，每个人都要学会抓住那些最重要的东西，舍弃那些不必要的枝枝蔓蔓。

每个人在内心深处都有两个愿望，一是成功，二是内心的充实，二者都要靠着一颗明慧的头脑才能得到。做事，要抓住事情的关键，做人，要抓住性格的关键。那些懂得善待自己，不迷惑，不倾斜，端正地走自己道路的人，就是聪慧的明智者。

第 4 辑
任你月圆月缺，我自拈花微笑

生活从来不会刻意亏欠谁，它给了你一块阴影，必会在不远的地方撒下阳光。风暴来临，要做的不是等待风暴过去，而是学会在雨中翩翩起舞。

随情而行，因境而变

在一次大学生智力竞赛上，一个大一新生的表现引人注目，她已经进到了决赛。在知识提问环节，主持人问："请回答，三纲五常的'三纲'指的是什么？"

"臣为君纲，子为父纲，妻为夫纲。"女孩回答得胸有成竹，现场观众哄堂大笑。女孩这才发现自己的答案刚好把关系说颠倒了。她临危不乱，一本正经地说："我回答的是'新三纲'，在我们国家，不管官位多大，都是人民公仆；每家只有一个孩子，都是家里的小太阳，父亲母亲围着转；女性地位越来越高，很多家庭都是妻子当家——你们说，我答错了吗？"

观众又一次哄堂大笑，并对女孩的机智报以热烈的掌声。在评委的示意下，主持人宣布这位女孩顺利过关。

意料之外情理之中的答案，使一时的口误成了顺利过关的"脑筋急转弯"，比起旁人，将事情看透的人更易急中生智。就拿故事中的女孩来说，她不纠结于答案是否标准，因为观众想看的并不是标准答案，而是选手们的智力究竟如何。智力不仅包括记忆力，应变能力更是智商的反映。随口说一个"新三纲五常"，更能证明自己是真聪明，并非书呆子。能够将情境看透，不拘泥于成规，最后得到成绩，这就是悟性。

有悟性的人不会手忙脚乱，经得起场面。不论是小场面还是大场面，有人的地方就有矛盾：人们各自的脾气禀性，志向爱好都有不同，凑在一起就会有纷争。更多的时候，每个人的利益点也不同，与他人的利益难免发生冲突，更会引发矛盾。什么样的人能在矛盾重重的情况下气定神闲？就是有悟性的聪明人。

有悟性的人不会神志混乱，经得起风波。不论遇到的矛盾是难以解决的难题、尴尬的场面，还是与人交手时的见招拆招，他们明白要随时保持清醒的头脑，要看得透矛盾不算什么，尴尬也不算什么。只要这些矛盾、尴尬不是最重要的，一切都能解决。

一位领导去一个县城视察工作，当他在一所重点小学发表演讲时，一个小学生手里的手机突然砸上讲台，差点砸中领导的头。在场的校长、老师大惊失色，领导随即叫那个孩子走上讲台。

暖心小语

能够将情境看透，不拘泥于成规，这就是悟性。

那孩子并不是有意要砸领导，他在和朋友吵架，情急之下动了手，没想到手机飞了出去。此时孩子战战兢兢，不敢开口解释，领导却笑呵呵地问他："你叫什么名字？几年级了？"等到孩子回答后他又对全校师生说："这位xx同学在那么远的地方，手机投得这样有力气，我看他以后一定能成为优秀的标枪运动员！"全场人哈哈大笑，一场风波消弭于无形。

幽默是能够消弭陌生感的最佳武器，也是化解矛盾的良方。故事里，孩子的行为让领导没面子，领导却没把这个"面子"当回事。在领导看来，讲话才是最主要的，他有本事把临时发生的意外当作脚踏板，让在场的师生对自己印象更好，也给听到这件事的人留下一个宽容幽默的印象，这对他没什么损失——如此行事，就是悟者。

在人们眼里，多数事看着都是矛盾，如何把事情看透？我们从小就学习的矛盾论其实是个很有用处的东西，它告诉我们要抓住最主要的矛盾，也就是你最在意的方面。看得透这一点，其余的皆可不在意，就算做不到纹丝不动，也能保证不因意外乱了阵脚，还能够再进一步，将这矛盾向有利于自己的方向转变，把矛盾转化为有利条件。

看透矛盾需要一颗平静的心，不论发生什么情况，都能审时度势，因为情境变了，矛盾也跟着变，只有一颗平静的心才能以不变应万变。那些内心波澜不起，遇事又能因境而变、随情而行的人，既是心灵的悟者，又是处世的高手。

理解，化解矛盾的良方

深秋，一位智者路过一户农家，主妇正用豆萁生火煮刚剥好的豆荚。豆荚在沸水里痛哭失声，对豆萁大叫："我们是同根所生，你怎么这样残忍，让我忍受被沸水煮的痛苦！"

豆萁也大声叫道："你难道没看见吗？想把你煮熟的并不是我，我也身不由己，你没看到我也正在忍受烈火焚身？难道我的痛苦就比你少吗？"

看到这一幕，智者感叹："这和人与人相斗的道理何其相似。"

曹植的一句"本是同根生，相煎何太急"曾让很多国人落泪，抛去曹植和曹丕的夺位之争，就这个故事而言，被豆萁烹煮的豆荚有理由责怪豆萁，豆萁也完全有理由责怪豆荚："我也在忍受痛苦，你抱怨什么？"在同等境遇下，豆荚和豆萁都有自己的苦衷，抱怨对方并不能改善它们的处境，这一点，与常常处于矛盾之中的人何其相似。

在生活中，我们最大的麻烦就是如何处理与他人的矛盾。儿女与父母、兄弟与姐妹、丈夫与妻子之间尚且有矛盾，何况在社会上遇到的陌生人，特别是那些有利益冲突的竞争对手。

想要妥善处理人与人之间的矛盾，关键在于对他人的理解。如果豆萁有选择权，它也不想成为燃料，既让自己粉身碎骨，还落下个骨肉相残的坏名声。有道是人在江湖身不由己，有时候有人做出对你不利的举动，也许只是局势使然，不得已而为之，并不代表你们从此就要势不两立，再也没有友好相处的可能。

朱杰在一家公司的市场部工作，他是公司的老员工，对营销有自己的一套经验，很得上司器重。没想到今年以来，他的地位一直在下降，原因是公司来了一个叫小芸的新员工。小芸年轻有实力，又有很多新点子，业绩蒸蒸日上，成了公司的新力量。

朱杰很不服气，认为小芸是靠了关系才能有这样的业绩，他经常给小芸使绊子，和小芸抢客户。小芸也不是吃素的，看到朱杰为难她，就处处与朱杰对着干。因为忙着给对方添麻烦，两个人的业绩都受到很大影响，公司老总特意请他们吃饭，给他们讲了"鹬蚌相争"的故事，朱杰和小芸回到家后，各自反省自己。

特别是朱杰，他觉得自己作为前辈、作为男人，心胸太过狭窄，他主动找小芸道歉，并向小芸请教寻找客户的方法，还经常把自己的经验教给小芸。小芸是个爽快人，看到朱杰真心诚意，就放下成见，常和朱杰一起分析市场，制订计划，两个人合作无间，成了公司里最厉害的一对搭档。

暖心小语

只有理解，才能看透对方的目的，制定自己的策略。

故事里的朱杰忌妒小芸，一是忌妒小芸的才能，更重要的是小芸带走了上司的赏识。乍一看，因利益而生的矛盾简直无法调和，但我们要清楚，竞争无处不在，你击败一个对手，还会有下一个对手，不如实现利益均衡，把对手变为自己的盟友。

在体育赛场上，我们常常看到有些人台上是对手，台下是朋友。在台上需要争夺名次，尽量打败对方，在台下却能互相切磋，共同进步。如果能把这种精神发扬到工作中，就是公私分明，不把工作上的矛盾带入生活。

人与人之间难免存在矛盾。普通人有自己的个性、自己的利益，面对矛盾要么回避，要么激化。矛盾对于他们来说就是个麻烦，能不碰就不碰，碰到了也解决不好，只能纠结。圣人与人产生矛盾，会尽量理解对方，满足对方，哪怕自己吃亏受罪，也当作一种奉献，一种修为，这显然不切合生活实际。聪明人面对矛盾不回避也不激化，他们会试图寻找一个平衡点，既让自己不吃亏，也让对方满意。这个时候矛盾仍然存在，但它已经成为良性的、有益的东西。可见能达到共存才是上策。

有悟性的人都明白：身处矛盾之中，理解他人很重要。只有理解，才能看透对方的目的，制定自己的策略。唯有理解，才能够在保护自我的同时，为他人着想，得到他人的尊重。理解是人际交往中的润滑剂，使用得好，就能极大地缓和矛盾。当然，理解不等于可以忍受对方的无理举动，更不等于退让。人可以大度，但不能让人小瞧。

与你风雨同舟的，还有对手

在广袤的非洲草原，每日有数不清的羚羊在草丛中奔跑觅食，有时，它们会被草原上的狮子抓到，成为狮子的食物。

一个部落首领看到这种情况，认为无害的羚羊很可怜，他带着部落里的人民捕杀了方圆千里的所有狮子。从此，羚羊高枕无忧，每天悠闲地在草地上散步。

可没过几年，附近的人们发现这里的羚羊变得呆头呆脑，每天好吃懒做，再也没有矫健的身手，很多羚羊甚至变得病病歪歪。部落首领想不通为何出现这种情况。一个有智慧的老人说："没有对手，就没有竞争；没有竞争，动物就会懒惰。只有狮子才能唤起羚羊的能力。"

首领去其他部落的土地上弄了几只狮子回来，那些死气沉沉的羚羊一开始相当惊慌，没过多久，果然变得朝气蓬勃，恢复了昔日的体魄。

在人生道路上，有一类人是我们不愿面对又不能回避的。每当你得到成绩，却发现跟某些人相比，自己还有很大差距，这成绩也来得不开心；每当你失去一个机会，会发现某些人正将这机会握在手中，你羡慕也没有用。这类人就是我们的对手，在人生的每一个阶段，他们都会出现，他们让我们头疼，却也让我们警醒，发现自己所做的远远不够。

对手能让我们更好地磨砺自己。就像故事中的羚羊和狮子，没有狮子，羚羊就会懒惰，就会退化，有了狮子它们才会不停地锻炼自己。为了生存，我们也要不断地磨炼自己。这个时候，仅仅有意志力是不够的，还需要有人在身边不断叮嘱，但叮嘱的人比不上那些打败你的人，只有打败你的人，或者威胁你的人，才能让你学会真正的认真和用心。

我们的成就离不开对手。有悟性的人明白对手的重要，他们会利用对手来激励自己，他们暂时不去看那些太过遥远的大目标，只盯着和自己走同一条路的小目标，不断弥补与他们的差距。如此一来，就能经常察觉到自己的进步，让自己有更强的进取心。

17岁的阿谈是业余网球爱好者，在市里小有名气。他有一个竞争对手叫吴瑞，比赛中只要遇到这个吴瑞，他必输无疑。阿谈为此大伤脑筋，每次想到自己的败绩，都很沮丧。

阿谈的姐姐阿颖知道弟弟的心病，就对他说："有个对手是好事，你想不想打败吴瑞？"阿谈点头。阿颖说："那你就经常看他的比赛，经常观察他，把他的绝招都学来。最好还能和他成为朋友，经常切磋，这样才能让你更好地发展。"

此后阿谈果然经常跟吴瑞切磋，吴瑞的比赛他每场必看，他观察吴瑞的动作，比自己好的，阿谈立刻模仿，同时也记下吴瑞的弱点。不到半年，阿谈的球技大有进步，已经能和吴瑞打个平手，他请姐姐吃饭作为感谢。

"那你想不想打得更好？"阿颖问。阿谈如

今打心底里佩服姐姐，连连点头。阿颖说："那你就把你发现的吴瑞的弱点、缺点全都告诉他，这样你们才能成为真正的朋友。"

阿谈照阿颖的话去做，吴瑞大为感动，也将他平日观察到的阿谈的错误一一告知，二人从此成了知己，经常一同练球。后来，他们都进了市里的网球队，作为代表参加全国比赛。

最聪明的人会把对手变为朋友，阿颖就是这样一个人。她教导弟弟接近对手、学习对手、超越对手，最后与对手成为朋友，共同进步，一切都为了自己更好地发展。不必认为向对手请教是件丢脸的事，也不必担心对手会倨傲地拒绝你，多数人都希望与人为善，共同发展。只有少数狂妄的人才会故步自封，拒绝交流，我们不能做这样的狂妄者。

想要把对手变为朋友，首先要承认对手的价值。夸奖自己的对手并不是贬低自己，而是对事实的尊重。试想如果你的对手是一个不起眼的人，胜利有什么快感？只有打败那些拥有雄厚实力的人，胜利才有滋味。或者说，对于那些有实力的人，失败也不是那么丢脸。

有悟性的人感激对手的存在，因为他们的挑战，我们能够更加了解自己，不论是优势还是弱点，在对手的映衬下，都变得纤毫毕见。好的对手是我们的镜子，照出真实的自己，让自己知道如何进步，为何进步。看得透的人都知道，那个站在你前面的人并不是你的敌人，他们只是你前进的目标。也许有一天，他们会成为你的朋友，从此相互扶持，风雨同舟。

水至清则无鱼

　　一座大山上有两个小村庄，两个小村庄都有自己的经济来源。因为地势的缘故，南山的村庄只能种甘薯，北山的村庄只能种果树。两个村庄的村长互相看不顺眼，经常发生争吵，命令村里的村民不能与对方的村民相互来往。到了秋天，南山的村民每天吃甘薯，很想尝尝北山的果子，而北山的村民守着一堆一堆的果子，只能吃存有的少量干粮。

　　一位智者恰巧路过此地，听说了这件事。他找到两位村长说："我云游四方，常看闹市之中人们为蝇头之利斤斤计较，因一点是非大动干戈，但到头来却是两手空空。你们两个村庄本该互通有无的，何故为此破坏了两村的交情？"两位村长大为惭愧，言归于好。从此，两个村庄互为表里，和睦相处。

　　南山村庄里的甘薯、北山村庄里的果树，本该互通有无，友好互助，却因为两位村长的不和经常发生争吵。寸步不让的结果并不是解气，反而让自己吃亏。在生活中，我们也不难发现这种情况，矛盾双方僵持不下，谁也不肯退步，最后谁也得不到好处。这还不是最惨的，最惨的是鹬蚌相争，渔翁得利，双方僵持到筋疲力尽，被旁观者占了便宜。

　　有些人喜欢较真儿，对自己的利益寸步不让，但是较真儿的结果虽

"真"，却再也容不下其他的东西。比如，一个人如果个性太过清高，对朋友要求太多，朋友犯一点错误他都指责个没完，最后他会失去所有朋友。一个人对环境如果处处挑剔，最后只能把自己隔绝在环境之外。

做人应该务实一点，思考解决问题的办法，而不是让问题越想越乱。就像过独木桥的时候，倘若两个人都站在桥中心，硬过肯定有危险，不如用自己的一步，换取他人的一步，两个人都能顺利地到达对岸。

文艺复兴时期，达·芬奇、米开朗基罗、拉·斐尔被称为"美术三杰"。其中，米开朗基罗最擅长雕塑和壁画，很多教堂都慕名请他雕塑圣像。

一次，米开朗基罗为一所大教堂雕刻一座天使像，几个爱好美术的贵族青年主动来帮忙。雕像完成后，大家啧啧称赞。这时，教堂的主教来了，他绕着雕像走了几圈，对米开朗基罗说："你不觉得雕像的头发不够细致？"米开朗基罗说："阁下果然慧眼如炬，是我疏忽，我立刻去改。"说着爬上脚手架，开始细致地雕刻天使的头发，然后下来问主教："您看现在可以吗？"主教说："妙极了！"

等到主教离开，几个青年围住米开朗基罗说："这些教士最爱不懂装懂，您为什么不坚持自己的艺术？"米开朗基罗说："我并没有更改自己的作品，只是做做雕刻的样子。"青年们会意，哈哈大笑。

暖心小语

较真儿解决不了矛盾，还容易得不偿失，不如学着变通。

米开朗基罗给足了官员面子，实际上，他也没有修改自己的作品。有时候妥协并不意味着牺牲，因为对方需要的，也许正是你不需要的东西。通过让步来铺平道路，既能确保目标的实现，也并不会损害你的利益，甚至会为你赢得更多的机会。

现代社会讲求双赢，这是人们通过激烈竞争领悟出的最佳经验。少一点血气方刚，多一点宽容大度，能够共存的时候，就不必拼到你死我活。如果不肯做出任何妥协，他人自然不会来迁就你，只能跟你硬碰硬。倘若你碰到了鸡蛋，也许还有胜算；若是碰到巨大的石头，损失也许不仅仅是伤筋动骨。这样高成本低收入的事，聪明人尽量少做，最好不做。

要知道一切矛盾的产生，都是事物发展的需要，人类社会的矛盾更是如此。考虑问题的时候，人们习惯为自己打算，这样做出的决策是对自己有利的，但往往与他人的利益相违背，于是矛盾自然产生。如果能在考虑问题时把目光放大、放远，用有利于双方的立场，照顾到双方的利益，这样得出的结论不但使自己受益，还容易被对手接受，是两全其美的办法。任何时候都要记得，能够为他人考虑的思维，最利于矛盾的解决。

鲜花多了，绿叶更显眼

古时候一位先贤带自己的弟子们来到一座悬崖下，对弟子们说："我们学习知识，不过是为了领悟智慧，现在让我看看你们的悟性吧。在你们中谁能第一个到达山顶？"

弟子们都看向那悬崖。只见绝壁之上只有几根藤蔓、几株斜生的小树，还有一些杂草。他们硬着头皮开始攀岩，有些人没走几步就滑了下来，有些到了半山腰，再也没有力气。只有一个弟子爬了几下就放弃继续向上，转而绕到山后，找了一条小道走上山顶。最后，他是唯一一个到达山顶的人。

其他弟子说："师父让我们攀上悬崖，你怎么能偷懒走捷径？"这个弟子说："师父只说让我们到达山顶，并没有规定方法，你们的头脑不知变通，非要去摔得鼻青脸肿，怪得了谁？"先贤说："善哉，变通就是智慧，这就是悟性。"

先贤出了考题，有个弟子走了捷径被其他弟子指责为偷懒。但这条捷径正是先贤心中的最佳答案。考题不重要，重要的是会答，就如同素质教育提倡书本不重要，最重要的是能力。变通一点，灵活一点，一切矛盾都会展现出与以往不同的一面，让你觉得它并不是攻不可破。

变通是一种思考方式，也是一种做事手段。有了困难就要想办法解决，老办法解决不了的矛盾，就用新办法。就像爱迪生发明灯泡，灯芯的材料要一次一次地试，铁丝不行就用铝丝试，铝丝不行就用钢丝试，总有一天会把最合适的钨丝试出来，这就是变通。如果爱迪生死脑筋，认准了铁丝，火烧不成用水煮，水煮不行用烟熏，盯着铁丝不肯放手，就算再勤奋，灯泡也亮不起来，这就是不知变通。

我们之所以害怕新办法，是因为对老方法有严重的心理依赖，就像用惯了拐杖的人，一旦离开旧拐杖就不会走路，不相信新拐杖比旧的更好。有时候要让自己想开一些，矛盾为什么解决不了，就是因为用错了方法，如果不把方法改掉，困难就会一直在。想要解决现实中的问题，先要解决精神上的守旧，学会变通。

一个年轻人进入杂志社工作，他遇到的第一个难题是约稿子。著名作家的稿子很难约，他只能硬着头皮一次次打电话，或者登门拜访。每一次他得到的都是"抱歉"、"下次有机会合作"等答复。

这一天，年轻人去拜访一个老诗人。老诗人显然是经常遇到这样的约稿者，脸上露出了不耐烦的神色。他匆匆与年轻人说了几句话，就露出了逐客的意思。

年轻人也对这次约稿不抱任何希望，他对那位诗人说："虽然没有约到您的稿子，但能看到您，我很高兴。我从小就学习过您的诗歌，一直想要见见您。"说着，年轻人背诵了一首诗人年轻时写的诗。老诗人听了，大为感动，握着年轻人的手说："我真没想

暖心小语

山重水复疑无路，柳暗花明又一村。

到，这一代的年轻人还会真正喜欢我的诗歌。我这里有一些刚刚完成的作品，你看一看，喜欢的话就拿回去吧！"年轻人没想到自己几句感叹，会出现这样的转折。

在困难面前，要能屈能伸，有耐心有决心。故事里的年轻人很幸运，他在刚刚工作的时候就遇到了一堂生动的人生课，让他知道在死胡同面前要懂得转弯的艺术。转弯就是转机，达到目的的方式不止一种，约稿不成可以谈谈作品，没准就能谈成，就算谈不成，也给人留下个好印象。

陆游有这样一句诗："山重水复疑无路，柳暗花明又一村。"这句诗包含着人生的哲理：转换方向，绝路也可变成坦途。如何转弯？转弯就是在事物的矛盾中抓住突破口，最主要的方法是打破常规思维。就拿送礼物来说，别人都送花，你送个雅致的小盆栽，这份别出心裁就能更让收礼人喜欢。

面对矛盾，我们都要修炼出一种变通的心态：一定要打破僵化的思维，不要死钻牛角尖，寻找捷径并不是偷懒，只要能够将矛盾解决的办法就是好办法。遇到困难的时候，一定要知道自己已身在死胡同，尽快换一条路，才是悟者的选择。

解开束缚，让心灵飞翔

　　一个理发师最近愁眉不展，他是国王专用的理发师，他知道一个惊天的秘密：国王长着一双驴耳朵。他知道如果将这件事告诉第二个人，国王一定会杀了他。

　　人的心里一旦有秘密就会有倾诉的欲望，理发师没办法，只好在花园里挖了个洞，把这件事告诉那个洞。没想到几年后，那个地方长出一棵树，树上的每片叶子都大叫："国王长了驴耳朵！国王长了驴耳朵！"这下子，全国人都知道了这个秘密。

　　理发师战战兢兢去见国王，发誓自己并没有把这件事告诉任何人，国王却说："反正现在全国人都知道了，我倒像是放下了心里的一块石头，仔细想想，我的耳朵的确长了点，但这有什么关系？我仍然是个好国王！"从此以后，国王和理发师都不再郁闷。

　　理发师知道了一个秘密，他憋在心里成了心病，国王心里也有秘密，直到被人知道才能放下心中重担。压抑的时候，不论是寻常百姓还是国王贵族，都需要一次倾诉。倾诉能够让人排解心中的不满，得到他人的关怀和安慰，也许还会得到解决事情的有益启示。

　　每个人都会有心里觉得压抑的时候，适当地压抑自己不会有什么影响，但一旦压抑过度，太多的矛盾压在心里就成了烦恼。烦恼过重，头脑就不能专一，做一件事的时候也会想着另外的事，极大地影响办事效率。心中有压力的时候，情绪就会不稳定，不但影响判断力，还会影响与他人的关系，让他人也承受同样的压力，并为此恼怒。

解除压力的最好方法是发泄。同为发泄，有人选择向他人发脾气，宣泄了自己的不满，让他人成了出气筒，这种方法是不可取的；还有人选择疯狂购物、过度运动来转移注意力，这种非理性的行为虽然得到一时的痛快，却也会给自己造成不小的损失。最一本万利的发泄方式是倾诉，倾诉是在为心灵减压。当你对一个值得信任的人将一切说出来，也许你自己就会发现事情没有那么严重，不用别人安慰，你就能走出低谷。

美国内战的时候，林肯总统每日心焦如焚。但他是总统，要当指挥若定的统帅，不能让部下们看出自己忧心。在人前，他是一副胸有成竹的模样；在人后，他却极度苦闷，一肚子的话无法对人说，想要发泄又不能泄露自己的情绪。

终于有一天，林肯知道心里的事再不倾诉就会压垮自己，他写信给自己从前的一位老邻居，请他来白宫做客。邻居很快赶到华盛顿，林肯与他进行了一次长达几个小时的谈话。邻居原本以为林肯有事要找自己，但他发现林肯在诉说的时候并不需要他的意见。老人明白，林肯不需要找人商量什么，他只需要一个友善的、值得信任的倾听者。

会谈结束了，林肯露出了轻松的表情。

老人知道这一次倾诉，减轻了总统的很多压力。

有时候我们倾诉，并不一定需要得到什么建议，其实我们对自己在做什么，如何做下去，会得到什么结果比任何人都清楚。我们需要的仅仅是减轻自己的压力。就像故事中的林肯，他对南北战争的局势了若指掌，却仍然需要一个人缓解内心的苦闷。也许我们都需要一个审视自己的机会，倾诉，正为我们提供了这个机会。

在发达国家，很多专业有素质的心理医生每天做的不是治病，只是倾听别人的烦恼；而那些来心理诊所的人并不是病人，他们仅仅需要一个倾诉渠道，用以缓解自己的压力。所以我国有学者说："人人都需要心理医生。"并不是每个人都有病，而是每个人都不应该过分地压抑自己，要努力保持自己的身心健康。

看不透的时候不妨说出来，旁观者清；觉得累的时候不妨说出来，找点依靠；压力大的时候更要说出来，因为人的承受能力有限。妥善选择你的倾诉对象，他应该是温和的、友善的、值得信赖的，最好是比你更有阅历。当你实在找不到合适的倾诉对象时，还可以试一下和自己说话，自言自语有时也可以是一种快乐。处境矛盾的人最容易疲惫，也最容易有压力，这时候，与其压着自己，不如一吐为快。

花有花香，叶有叶雅

人心之大不必畏惧人言，心有多大舞台就有多大。有时候我们需要海纳百川的心胸，既要容纳旁人的赞誉，更要容纳旁人的不理解与非议。

人与人性情不同，没有人能够完全了解你，很少有人能够毫无保留地欣赏、接受另一个人，这时候就会产生矛盾。如果涉及利益关系，矛盾就会升级。如果双方寸步不让，就会变为敌视甚至仇恨。当矛盾加深到不能解决的程度，就会以激烈的方式爆发。所以，看得开的人总是避免激化矛盾、滋生事端。

常言道祸从口出，有时候也可以说祸从耳入。我们常常很在意他人对自己的看法，想要知道他人在背后如何议论自己，以此来判断自己的地位，甚至决定自己和他人的亲疏关系。但要知道，有时候他人说的只是一句闲话，他自己都是说了便忘，如果你听到后念念不忘，就是为难了你自己。有时候他人说话有口无心，你若斤斤计较，倒显得没有气量。

有个男孩天生一副好嗓子，听过他唱歌的人都说他今后能当歌唱家，他小时候也曾做过当歌唱家的梦。可是，十几年过去了，他依然是个普通人。当同学们一起去唱卡拉 OK，听到他的声音，都不解地问："你有这样好的嗓子，怎么能浪费？就算当一个偶像歌手也好过做个普通大学生吧？"

男孩却有自己的苦衷，他小时候就参加过不少歌手大赛，可是每当面对评委和观众，他立刻紧张得忘记了歌曲的调子。这种事发生得多了，他就放弃了当歌唱家的念头。

有个老教授听说了这件事，就找来男孩问他："你到底怕什么？"男孩说："我担心自己唱的歌不合评委的心意。"老教授说："你唱歌的时候不想着歌曲，却想着别人的眼光，难怪你唱不好歌。你不克服这个问题，能做好什么事呢？"

世间本无事，庸人自扰之。太在乎他人的品评，就会导致自己做事总以他人为标准，强迫自己迎合他人的喜好。就像故事里的男孩，唱歌的时候本来是要传达内心的感情，他唱歌的时候却不想歌词曲调，就想着他人会不会笑话，表现出来的都是胆怯，哪里能让听众满意？事实上，他的实力并不差，他害怕别人，其实是输给了自己的心魔。

归根结底，矛盾不是别人和自己过不去，是我们自己和自己过不去。因为过于在意，成了心魔，左右了我们的意念和行动。过分在意他人的眼光，他人就成了我们的绊脚石。如果将他们能够当作榜样，让我们以此为目标前进倒还不错；最怕的就是你只在意他人说了什么，埋怨自己没有做好落了笑话，不再完整地审视自己，而是一味按照他人的说法做调整。

活在别人的眼光中的人，终究会沦为他人的附属品。试想，一个人有着他人的喜好，做着他人喜欢的事，所有时间都揣摩他人的心思，不论他与他人友好或者对立，都不再

暖心小语

活在别人的眼光中的人，终究会沦为他人的附属品。

拥有自我，他会疑神疑鬼，终日不安。心魔难解，但如果人们能解决自身的心结，矛盾也就变得简单透彻，我们需要知道，要克服的困难不是他人的一句话，而是我们自身的缺点。只有凡事想着自己，琢磨着自己，才能有真正的自我，真正的生活。

磨砺锋芒，笑看风浪

忍是一个会意字，意为心字头上一把刀，其中自然有苦楚，却也代表了一种力量。忍得住的人不会逞能，不会锋芒毕露，也不会招惹是非，他们的存在往往更长久，也更平安。古往今来，能够做大事的人都懂忍耐。

在生活中，我们如何面对他人的蓄意刁难？答案就是忍耐。特别是当我们的实力还不足以击败对方的时候，韬光养晦是最好的办法。何必与别人硬碰硬，刁难几句并不会让我们失去什么，反倒显得对方缺少对人的尊重。不要因为忍耐力不够就降低自己的水准。

在人生道路上，我们如何面对重重困境？答案依然是忍耐。在困境中，我们需要做的是承担与寻求出路，而不是抱怨与自暴自弃。忍得住一时的伤痛，才能寻找机会，要相信有时来运转的那一天，你的所有忍耐和努力，都是为了那一天的一鸣惊人。

春秋时期，诸侯争霸。那时候吴国的夫差打败了临近的越国。当时的越王名叫勾践，他看到吴国强大，以越国现在的实力并不是吴国的对手，于是决定韬光养晦，暗地里发愤图强，期待有朝一日洗刷战败的耻辱。为了麻痹吴王夫差，勾践首先向吴王夫差投降，表示自己愿意成为夫差的奴仆。下了一番功夫之后，勾践得到了夫差的信任。

后来勾践回到越国，他把一个苦胆放在自己面前，每天都要舔上一舔，不断对自己说："你难道忘记亡国的耻辱了吗?"在这种自我磨砺中，勾践励精图治，十年之后，终于使越国强大起来，最终打败了吴国。而勾践每天尝苦胆的故事，则成为一个成语：卧薪尝胆，它告诉人们想要成功，必须先要学会忍耐。

"卧薪尝胆"是中国最励志的成语之一，它代表了一种百折不挠的精神，坚忍就是这种精神的内核。一时的失败不代表一世的一蹶不振，真正的勇者不会逞匹夫之勇，更不会就此投降、甘拜下风。他们懂得蛰伏的重要，愿意花更久的时间积蓄实力，为长远打算，忍他人所不能忍，直到品尝胜利果实。

忍有大小，如勾践一样忍辱负重，遭人嘲笑，忍受艰辛，花十年的时间励精图治，最后一雪前耻，就是大忍。而在生活中，面对一时的讥讽不予置评，对一时的得失不去计较，埋头继续做自己的事，不去浪费时间，就是小忍。大忍是智是勇，小忍却是悟，因为人们常常在大事上做英雄，小事上却不能周全，所以小事上更需要悟、更需要忍。

孔子说："百行之本，忍之为上。"忍是一种大智慧，也是大悟性，既代表了包容一切的胸怀，又可以成为图谋将来的策略。忍耐不是逆来顺受，更不是低三下四，

暖心小语

忍耐，能够让你磨砺坚强的品性，对抗住人生的风浪……

它代表的仅仅是一时的退让。特别是身处矛盾之中，更要知道忍耐的重要。忍耐，能够让你冷静地观察局势，置之死地而后生；忍耐，能够让你有足够的时间积蓄力量，一举反击；忍耐，能够让你磨砺坚强的品性，对抗住人生的风浪……凡事看得透就忍得住，忍得住便撑得起，想当一个成功者，最重要的便是智者的眼光，加上忍者的胸襟。

第 5 辑
任你龙飞蛇舞，我自寂寞如花

寂寞的时候，请认真倾听，你会听到大地苏醒的声音、小草呼吸的声音、鲜花汲水的声音……越寂寞，越美好。耐得寂寞，等待你的将会是春色满园。

倾听大地苏醒的声音

一位智者正在给他的弟子授课，他说："很多人好奇我如何能成为一个有修为的人，我认为方法很简单，只要你学会享受孤独。"

看着弟子们不解的样子，智者进一步解释："在我很小的时候，我的腿断了，不能走路。当别人尽情享受生命时，我一个人在病床上抱怨苍天不公。我不与外界接触，不与他人接触，陪伴我的只有孤独。"

"最初，孤独让我难过，我认为自己被这个世界遗忘。后来我渐渐发现，原来孤独也有好处，它能让我有足够的时间平复心情，以冷静的心态思考问题，让我重新理顺人生，也让我发现活着是一种幸福。在独处时，我懂得了什么是人生，以及如何获得清明的心境。如果你们也能学会独处，享受孤独与沉思的乐趣，你们就是智者。"

智者给弟子们讲授道理，忘记生活中的烦恼，懂得人生的意义，这一切首先来自他能够接受现状，接受孤独。智者说孤独与沉思都是一种乐趣。想拥有一颗宁静的心，首先要学会正视孤独。

人生在世，每个人都会面对寂寞，哲人说寂寞是人生的常态。父母养育疼爱我们，但他们无法替我们走完人生道路，因为思维方式的不同，他们只能按照自己的思维来疼爱我们，未必理解我们的心理；朋友理解、支持我们，但朋友有自己的生活，不能够时时刻刻陪伴我们，何况个性不同，难免也有矛盾产生；爱人是我们最亲近的人，但人与人本质不同，一个人无法完全认同另一个人……所以，人生的本质是孤独的。

多数人害怕孤独，一旦他们落了单，就产生一种被遗弃的心理，认为自己是个可怜的人。只有少数人才能真正接受孤独，他们能够习惯独处，在独处的时候思考人生、思考生活。只有在远离喧嚣的清静场合，才能够真正做到抛离外物，否则熙熙攘攘，没有片刻安宁，思绪总是纷杂，如何深入思考？

暖心小语

享受孤独，享受寂寞。

一个国王将独子送到一位智者门下，希望他将王子教导成优秀的接班人。智者答应了国王的请求。国王走后，智者对王子说："万物才是人最好的老师，请您立刻去森林里居住。"王子在智者的安排下，住进了森林。

一年过去了，智者去看望王子，他问："您每天除了读书，有没有听到什么声音？"

"我听到了流水的声音、风的声音，还有鸟的叫声……"王子回答。

"请您继续留心森林中的声音。"智者说完告辞而去。

又一年过去了，智者又一次去看王子，问了相同的问题，王子说："当我独自一人时，我听到了大地苏醒的声音、小草呼吸的声音、鲜花汲水的声音……"

"恭喜您，您已经懂得了万物的智慧，懂得了独处和静思的妙处。现在您即使处于红尘之中，也能够保持这样的心境，您一定可以成为优秀的国王。"智者说。

王子在智者门下学习，智者教他的并非治国之道，而是如何独处。智者深谋远虑，他知道人生而孤独，而国君无疑是芸芸众生最孤独的一个，肩负重担，却要随时防范身边的人。如果不能在年少时学习体味孤独，等王子成为国王，他如何面对更加巨大的孤独感？此时的王子学会了聆听万物的语言，等他成为国君，自然也会在日常生活中寻找相似的乐趣。

独处也可以是一种乐趣。与人相处，你的注意力在身边的人身上，只有独处的时候，你的眼界才会放宽，看到更广阔的天地。在与人交谈时，你担心会对他人失礼，无法仔细看看头上飞的鸟、院子里开的花；只有一个人的时候，你想看什么就看什么，喜欢做什么就做什么，没有人妨碍，也不必忌讳他人，这就是一种自由。

学着独处就是学着享受心灵的自由，而自由的心灵最适合深思，为什么那些常常独处的人对事物的见解更加独到？就是因为他们有机会深入地分析事物，不被他人影响，也不被外界因素干扰，由此才能得出自己的判断。寂寞并不是坏事，也许它让你失去了一些喧哗热闹，却能给你更多的启迪、更多的智慧。

让寂寞开成繁花

一个旅行团在大漠中遇险，因为出现风沙天气，救援队很难找到遇难人员，直到半个月后，才遇到一个生还的男人。男人遗憾地说："除我之外，其他人都已经遇难了。"

"哦，这真是太让人遗憾了。"救援队员连忙给这位先生递上水和食物。这个男人说："其实沙暴结束后，还有三个人活下来，但他们眼看其他人被埋在黄沙之下，不能接受这残忍的现实，所以越来越害怕，再加上饥饿和缺水，他们也都一个接一个死去了。"

"那么，您真是个幸运者！"救援人员说。

"我也忍受着死亡即将来临的孤独，几次想到放弃。但我看到沙漠上生长的仙人掌，在这样恶劣的环境中也能生存，我就鼓励自己接受现状，继续努力行走。最终克服了恐惧，找到了你们！"男人兴奋地说。

有人说死亡不是最可怕的，一个人等死才最可怕。因为死亡就像一团阴影一样慢慢侵蚀，等待的人无能为力，只会越来越绝望。有些绝境中的人害怕的并不是死亡，而是死亡来临前的寂寞。他们不是被死亡带走，而是被寂寞击垮。

不能接受寂寞的人有一个弱点，他们在心理上对他人、对外界有极强的依赖性，他们不能失去旁人的陪伴，否则就会变得缩手缩脚。这件事并不难理解，一个人在大环境面前总是显得渺小，人类天生就习惯以团体的力量对抗困难。但也要知道，不是任何时候我们都能找到团体，更多的时候，我们只能依靠自己。

有时候，害怕寂寞是因为不够自信。他们害怕自己面对困难，总希望身边有人出主意让自己参考；他们不愿意独自去面对风雨，总希望有个人相互搀扶；他们无法习惯自言自语，只要身边还有个人和自己说话，即使是自己不喜欢的人，也能让他们安心。人们的存在感总建立在他人认同的基础上，如果没有他人，自己的能力、智力就不再有意义。这样的人忘了一件重要的事：生命和生活是自己的，不是别人的，想要接受自己，就要接受寂寞。

方先生是电脑公司的技术人员，去年被调到德国工作。方先生不会德语，到了德国后虽然工作上有翻译帮忙，生活上却遇到了很大困难。他没有朋友，也没法和周围的人沟通，每周的户外活动就是去一次超市。渐渐地，他越来越受不了异国生活，每天只想着调回中国。

国内的朋友听说这件事，劝他出去走走，并说："我记得你喜欢画画，德国风景好，不如你多去写生吧。"方先生认为这不失为一个打发时间的办法，周日就拿起画板外出写生。

德国的风景果然不错，碧青湖水，芳草

如茵，还有庄严的古堡、幽静的森林，这样的景致在国内无法看到。方先生找到了精神寄托，从此每逢休息日，就拿着画板寻找美景作画。三年后，方先生回到国内，朋友们都说："我们以为你在国外会十分无聊，没想到你画了这么多风景画，看起来你过得不错！"

"的确不错。"方先生说，"虽然我仍然没学会德语，但我学会了如何独处，享受自我。"

最初，独自在异国生活的方先生是一个害怕寂寞的人，等到有一天他接受了寂寞，开始与寂寞和解，他就能够享受到寂寞带来的乐趣。寂寞能够让人成熟，让我们对生活有更多深刻的认识，也能让我们发现很多平日不曾发现的东西，并从中找到趣味。寂寞，其实能够让人更好地融入更大的环境，享受更多的东西。

如何享受寂寞？要善于调节自己的情绪，发现生活的闪光点。寂寞的时候，我们难免沉浸在某种情绪里。如果那情绪是悲苦的，寂寞也就变成了自我煎熬，毫无乐趣可言；但那情绪若是明朗的，我们就能像故事中的方先生那样，不断发现身边的美，并产生互动。当一颗心沉浸在对美的欣赏中，不论什么样的生活，都可以变得情趣盎然。

另外，寂寞让人懂得珍惜。寂寞的时候，人们会怀念往日的美好，怀念起生命中那些温暖的回忆。这也是寂寞的另一种快乐，让我们更加知足，懂得感恩。寂寞也能让我们学会反省过去的缺点，今后对自己有更加严格的要求。寂寞让我们看到了自己的价值，让我们以旁观者的身份审视生命的一切。倘若有人能将寂寞变为一种享受，他就懂得了生活，也懂得了生命真正的含义。

累的时候，没人依靠，就学会自立

一位智者带着他的弟子们出门远游，途中遇到一座山。一位徒弟主动探路，首先上山。山路起初好走，不一会儿就变得崎岖了，弟子不甘就此打道回府，故而抓着枯草攀登。又过了一阵子，连攀登的枯草也找不到了，只有荆棘，弟子只好抓着荆棘向上走，最后也没找到出路，狼狈地下了山。

智者见弟子手掌都被划破，连忙问发生了什么事。弟子说："山路难走，我只好抓着那些荆棘向上攀登。"智者说："荆棘本身就爱依附其他物体，且有刺，你抓住它，这不是自讨苦吃？记住，千万不要依靠那些不能够依靠的人。"

攀着荆棘爬山，即使能够到达山顶，也会刺破双手，更有可能的是半途中手掌就被扎坏，不能继续爬山。寂寞的时候我们难免想到依靠，但那些不能依靠的人就像手边的荆棘，不能为你带来什么好处，即使有一点微小的利益，终究也会带来更大的损害。

人生不会一帆风顺，当我们孤独无助的时候，会希望有人能够帮助自己。人类社会因为人与人之间的互助才会进步，求助是一件平常事。何况一个人的力量太过微小，有时候想要达成目标，必须借助他人或团体的力量。能够妥善地处理个人与团体的关系，无异于如虎添翼，以最快的速度接近目标。

在心灵上，我们在独处的同时，也有与人沟通的需要，否则就会将自己与社会隔绝。

不论现实中还是思想上，我们难免依靠他人，但在依靠之前，我们必须有自己的判断力，知道什么能够依靠，什么不能依靠。帆船可以依靠灯塔，依靠罗盘，这都是有益的，但它绝对不能依靠坏了的帆、不精熟的舵手，这些只会使它遭受灭顶之灾。如果依靠那些根本靠不住的事物，倒不如自力更生。

小刘最近升任公司的销售主管，几个朋友为他庆祝。酒过三巡，小刘苦着脸说："我跟你们说个实话，这个位置我坐得不踏实。主管突然跳槽走了，老板找不到合适的人，才把我提上来。你们说，我能踏实吗？眼下就有任务，我都不知道去哪儿卖这批货！"

听了这句话，在座的小孔豪气冲天地说："别怕，我们公司最近要进这一类设备，这件事包在我身上，我一定给你解决问题！"小刘听了，感激得直拍小孔的肩膀。

回家之后，小刘经常给小孔打电话问情况，小孔每次都是推托之词，小刘渐渐不满。这时有个朋友提醒小刘："小孔不是不帮你，但他又不是公司的领导，怎么能说进什么货就进什么货呢？你别太指望他。"小刘细一琢磨，真是这么回事，不禁懊悔自己相信了别人酒后的"豪言壮语"。

暖心小语

攀着荆棘爬山，即使能够到达山顶，也会刺破双手。

小刘想要依靠小孔，事前却没有考虑过小

孔的实际能力，以致耽误了自己的工作，这件事究竟怪谁？恐怕还要怪小刘自己做事不周全，靠了不该靠的人。依靠不是攀附，也不是把自己的事完完全全交给他人操劳，一切都要在自己已经有条件的基础上，借助别人的力量。如果自己没根基，就算借来东风，也只能手忙脚乱，当不了用兵如神的诸葛亮。

我们生活在社会中，不论是成长还是成熟，都离不开别人的帮助。在向别人求助的时候，一定要仔细考虑。想要得到别人的帮助，一定要考虑到别人的能力和立场。如果别人的立场不适合出面帮助你，你提出要求就是为难他人；如果别人没有能力，你提出要求就是强人所难。就算是病笃乱投医，也不要把内科病历投给外科医生。这样一来你不但没有得到帮助，还会让那个无能为力的医生惭愧或者气恼。你多为别人考虑，别人自然愿意多帮你。

此外，不要因为别人没有帮助你，或者他帮助你却没有为你做好而生气，产生怨恨心理。无论帮或不帮，帮得好不好，人与人之间都应该留一份情分，不能以"有没有帮忙"或者"能不能帮忙"判断感情是否深厚。若是如此，感情就有了功利性，便不再那么纯粹了。

更重要的是，要明白有些事能找人帮忙，更多的事无法找人帮忙，只能自己解决。这样的时候也不要失望，因为他人和你一样要忍受这种寂寞。别人能够坚强面对，你一样可以做到，忍耐加苦干，一定能够突破困境。

遇见最好的自己

春秋末期，很多百姓为了躲避战乱，逃进深山。一个农夫用斧头伐木，为家人盖了一座房子，又开垦山间平地，种下庄稼。

一天，农夫正在劳动，突然有人来告诉他："赶快回家！你家的房子被火烧了！"农夫急急忙忙跑回家，辛苦盖成的房子已经化为灰烬，他拉住邻居焦急地问："我的家人在不在里边？"邻人说："他们都在后山，什么事也没有。"农夫松了口气，又在烧毁的房子里翻来翻去，翻出一把斧头，兴奋地说："太好了！斧头没有烧掉！只要安个木柄，以后还能用！"

邻人们不解地问："房子都被烧光了，你为什么还这么高兴？"农夫说："虽然房子烧光了，但我的家人平安无事，就连我的斧子也没事。很快，我就能用它再为我的家人建一个更好的房子，我为什么要不高兴呢？"

逃难的农夫刚刚建了新居就遇到火灾，但农夫却不灰心也不抱怨，他的心中始终想着最重要的东西。比起一座房子，家人的安全最重要，谋生的能力最重要。试想一下，如果家人出了意外，就算房子是好的又有什么用？唯有保住内心最牵挂的人和自己最重要的能力，只要还有双手，就能为未来的生活奋斗，一切皆有可能。

生命中最重要的东西是什么？每个人都有不同的答案，有人为理想而活，有人为爱情而活。人各有志，志向没有高低之分。但有的时候，我们会被世俗的观念迷惑，忽略了最重要的东西。我们常看到父母为金钱奔波，忽略了孩子的教育。他们的初衷是为了孩子能有更好的条件，可是他们的孩子却并不领会，更希望父母有更多的时间陪伴自己，关心自己。

人们总是追求浮名和热闹，不甘于平凡的生活和平常的感情，因为平凡难免寂寞，浮华意味着热闹与受人瞩目。却不知生命中最重要的东西往往与浮华无关，而恰恰是那些最平常最普通的东西。一味追求热闹并不是错，但因此耽误了那些真正重要的，终究会是自己的损失。

玛丽是个有点自卑的女孩，她总是觉得自己不够漂亮。比起同龄的女孩子，玛丽少了一份活泼开朗。在女孩子们参加舞会的时候，她常常窝在家里看书。

圣诞节那天，妈妈送给玛丽一个漂亮的发卡。那发卡是亮丽的橙黄色，做成蝴蝶的形状，镶了明亮的碎钻，在灯光下闪闪发光。玛丽一下子被这个发卡吸引了，她觉得只要戴上这个发卡，她一定能够吸引别人的目光，她决定戴着它去参加圣诞舞会。

舞会很顺利，大家都夸玛丽很漂亮，有很多受欢迎的男生主动来请玛丽跳舞，还殷勤地问她的电话。玛丽一下子对自己有了信心，她相信，这都是那个发卡的魔力。

玛丽开心地回到家，妈妈对她说："你回来了？你真是粗心，我那么费心帮你买了发卡，你竟然忘记别在头上。"玛丽这才明

暖心小语

即使现在不那么完美也不要紧，我们还能努力让自己变得更好。

白，有魔力的不是发卡，而是自己对自己的肯定。

在寂寞中，人们会产生自哀自怜的情绪，甚至会变得自卑无助。故事中的玛丽就是一个自卑的女孩，她竟然认为自己的美丽来自于一个发卡。生命中最重要的东西就是自我的存在，而这个存在需要自信。没有自信，向日葵就会低下头，露出光秃秃的茎秆，不再美丽，也不能吸引别人的目光。这对自己、对他人都是莫大的损失。

对自己要有一份正确的认识，建立对自己的绝对信心。要建立自信就要擅长发现自己的优点，多多鼓励自己，欣赏自己。不要只把那些被人羡慕的东西当作优点，也不要只盯着那些和功利性有关的成绩、地位、外貌等，有时候一双会插花的巧手、一笔好字、一份好手艺都可以成为你的优势。没有人生来一无是处，如果你愿意发现，愿意培养，总能找到。

即使现在不那么完美也不要紧，我们还能努力让自己变得更好。没有人天生什么都会，全靠后天的学习。即使你认为现在的自己没有什么特长，也可以靠着努力建立自身的优势。最重要的是，要相信自己，克服自卑，才能无惧他人的目光，不被他人影响，做最好的自己。

打败你的，只有你自己

比利是一个保险推销员，他的成绩令同行们刮目相看。有人总结他成功的经验：比如，优秀的口才、细致的服务、整洁的仪容……但是，当其他推销员按照他的方法去做，却不能取得和他一样的成绩。他们百思不得其解，只好向比利请教。

比利很大方，他拿出一个本子说："这里面就是我成功的秘密。但我认为这对各位没有多大帮助。"

众人翻开本子一看，原来本子上记录的都是比利推销保险时所犯的错误，还有他想到的改进方法，这些东西写了整整一本子。推销员们恍然大悟，与其向别人学习，不如从自己的错误中吸取经验，这才是最有效的学习方法。

人们在什么时候最寂寞？失败的时候。当自己的努力化为泡影，那种灰心丧气的感觉最让人难受。失败会让人不再相信自己，对自己的人生和理想产生怀疑，对自己掌握的知识不再那么有信心，甚至怀疑自己做出的选择是否适合自己……所以，人们害怕失败。

故事中的推销员比利不知经历过多少挫折，才终于不再害怕失败，彻底走出失败阴影。他的方法是把失败当成自己走向成功的教材，每一次失败都记下原因，告诫自己不要再犯。失败给人们以警醒，善于从错误中反省的人，才能避免犯同样的错误。而那些不懂得自省、一味抱怨的人，只能在一块石头上绊倒第二次、第三次……

孙敬从小就是个不安分的人，经常有许多稀奇古怪的想法，也经常惹事。好在他的本质不坏，健康成长，还考上了重点大学。

大学毕业后，孙敬又开始不安分，他放弃进入著名企业工作的机会，自己鼓弄了一本杂志。杂志只出了三期就闭刊，孙敬又开了一个饭店。没过半年，饭店倒闭。孙敬又开了一个专卖店，因为经营不善，这家店也没超过一年。

经过几次失败，孙敬一点点地积攒总结经验，最后和朋友一起在一个新行业做起：他们开了一个影楼。朋友发现孙敬是一个很好的合作者，他对各方面的事都有一定经验，而且很少抱怨。孙敬说："出了问题，分析、尽快解决才是关键。"他们一步步分析客人的喜好，终于使影楼走上正轨。后来，孙敬又在很多行业试水，都取得了不俗的成绩。他以实际行动证明：成功可以是一种能力，一种由失败累积的能力。

暖心小语

人生最大的成就就是以自己的能力克服失败。

失败是一个老生常谈的话题，故事里的孙敬一再尝试，一再碰壁，终于明白成功也可以成为一种能力。当你见多识广，有了足够的心理承受力，有了足够的资本，成功就不再是难题。在那之前，无论多少失败都像交了学费，再多一点又如何？一次又一次的挫折，只会让我们看淡失败，习惯那种寂寞与失落，让我们的心更加坚强从容，这是最大的收获。

失败是成功之母。这句话虽简单，却是至理名言，我们大家都知道，却常常忘记。失败能够积累自己的能力，当一个人的能力在各种领域受到挫折，但他仍然能纠正错误，不放弃奋斗，他就已经掌握了比别人更加丰富的知识。他知道的东西更多，见识的事物更广，经历多了，人生自然就会丰富，智慧就在这个时候积淀。

人生最大的成就就是以自己的能力克服失败。我们每个人都要学会走出失败。走出失败并不意味着成功，却意味着你已经具备成功者的心理素质，只有一个不再害怕失败的人才能走向成功。走出失败是一个心理过程，要克服失落感，要重建自信心，最重要的还是要耐得住寂寞。不要以为自己被打败了，没有人能打败你，你只是经验不够而已。

退一步，云淡风轻

在古代，一位年轻的皇帝登基，当时国家政局不稳，内忧外患不断。新皇锐意革新，选拔了一批年轻能干的大臣辅佐自己，其中有四个人最引人注目，其中一个擅长军事，指挥兵马抵抗外族侵略；一个擅长外交，带领人马深入边疆开辟领土，发展对外关系；第三个胸中有韬略，辅佐皇帝完善内政，保证百姓安居乐业；第四个执行能力强，一手掌管国家机构，使国家行政高速而有效率。经过十年时间，国家国富民强，四夷臣服。皇帝对四位大臣感激不尽，让他们自己提出想要的官职。

第一个人要当护国将军，继续在疆场扬威；第二个人要求在自己开拓的领土封侯，光宗耀祖；第四个要当宰相，一人之下万人之上。只有第三个人对皇帝说国事已了，想要回家孝顺父母，陪伴妻子，皇帝分别答应了他们四个的要求。

又过了十年，留在朝廷的三个人因为功高震主，被皇帝忌惮：或因为朝臣造谣，或因为自己生了歹心，都被皇帝处斩抄家。只有那个功成身退的大臣，不但全家性命得以保全，还常年享受着皇帝的赏赐、百姓的赞扬。

历史上，位高权重的功臣难免功高震主，被皇帝、朝臣们忌惮。这些大臣有的认为自己问心无愧，却被有疑心病的人夺了权柄和性命；有些被逼得不得不造反，没有好下场；还有的人手里的权力多了，贪欲膨胀，想与朝廷抗衡，落得身首异处。只有那些在最显赫的时候退下去的人，才能颐养天年。由此可见，急流勇退是一种处世的智慧。

有一句诗说："高处不胜寒。"一个人的地位太高，收获太多，站在高处的时候，就是危险来临的时候。有太多双眼睛盯着他，有太多人嫉恨他，他的目标明显，防不住那么多明枪暗箭，这时候，是该让自己休息一下。该做的事已经做完，该得到的东西也已经得到，继续贪图身外之物，就会被这些东西困住。不如功成身退，去守自己心里的那一方宁静。

功成身退有时是一种保全自己的策略，有时是完善自身的方式，但也意味着极大的寂寞。曾经的荣华远离自己，看着别人坐上自己曾经的位置，也许那人的能力还不及自己，这种煎熬的心情让人很难忍受。当自己还有能力却只能忍着寂寞时，内心的不甘就会成倍增加。这个时候，我们需要换一换眼光，关注生活的其他部分。

一个正要退休的老人正在办理离职手续。几个年轻人是这位老人一手培养的，一直佩服老人的能力和为人。他们认为这位老人一直是这个行业的业务能手，都为他的离去惋惜。他们对老人说："真是太可惜了，公司少了你，真是一大损失。"

还有人说："现在这个项目已经收尾，明年就会见成效。您是主要负责人，却享受不到这份胜利果实，真让人遗憾啊。"

老人说："项目能做完就好，由谁来享受果实并不重要。而且，退休没什么不好，

暖心小语

进退得宜，才能有最自由的人生。

我一直喜欢钓鱼，现在可以天天去湖边钓鱼。而且，我从小学到高中一直练习毛笔字，工作后时间不够，把这个爱好荒废了，现在可以捡起来。还能和老伴一起去旅游，我们已经订了后天去泰山的火车票。还有……"听着老人的退休大计，看着老人丝毫不计较的表情，几个年轻人都很佩服这种心胸气魄。

有的时候，"退"是个人意愿，也有的时候，"退"是情况所迫，面对这样的结果，平和的心态很重要。"退"之后或许不得不面对你内心的寂寞，但同时也是一个新的转机，你可以重新拾起你丧失已久的生活情趣，包括陪伴家人朋友，发展完善自己的爱好，做做一直想尝试却没时间去做的事，这何尝不是一种幸福、一种收获？

人生有退才有进，也许这一种"进"并非在同一方向，但人生本来就不只有一个方向。有些大学老教授年复一年操劳，不是忙科研就是忙教课，忙得像个不停旋转的陀螺，直到退休他们才发现人生真正的乐趣并不是当陀螺。他们后悔过去只顾着工作，忽略了很多早该享受的东西，但青春易逝，惋惜无用。这种领悟也算是一种"进"，至少在今后的岁月中，人们能更加珍惜生活，让自己的生命更为圆满。

人生在世不要把自己逼迫得太紧，一定要做到什么，以致这个愿望成了一种强迫症，挤压着我们的生命。这个时候也要有"退"的智慧，一往无前是好事，但一味向前冲，忘记休息的重要，也不利于身心的发展。在前进的时候，我们要懂得暂时的退避，这会让我们获得更大的空间。总之，进退得宜，才能有最自由的人生。

越努力，越幸运

　　小周刚刚进入公司人事部工作半年，仍然是一个愣头愣脑的小伙子。他对经理说："我想知道您是如何确定一个人的升职潜力的，为什么您说能升职的，一定是老总会提拔的？"

　　"这很简单。"经理说，"就拿新人来说，那些肯坐冷板凳的，往往比那些咋咋呼呼的有实力。新人进了公司，难免有个被冷落的过程。这时候，有些新人整天抱怨，说自己怀才不遇；还有一些人从来不吭声，认真地完成任务，主动学习，这样的人，十有八九是有成就的。"小周恍然大悟："原来如此，这样说来，就算在高层领导里，也有坐冷板凳的吧？"

　　"没错。"经理点头，"一切领域都有坐冷板凳的人，观察一个人的能力，就是看他能否把冷板凳坐热，只有沉得住气的人，才能成大器。"

　　在现代职场，最有职场眼光的人无疑是每个公司的人事经理，他们能准确地判断员工的个性、能力、适合做什么、会有什么样的发展。人事经理不能未卜先知，看人一眼就说准一个人的未来，他们靠的是观察。有经验的人都知道，真正做大事的人有两点必不可少的要素：一是有能力，二是沉得住气、耐得住寂寞，也就是人们说的能坐冷板凳。

　　在职场上，坐冷板凳的人最寂寞。似乎永远不会有人来注意他们，既不工作愈认真，运气就愈好。

知道他们做了什么，也不知道他们没做什么，他们看上去可有可无，没有任何存在感。坐冷板凳的人大多认为自己不会有什么成就，他们认为公司少自己不少，多自己不多，有什么机会都到不了自己头上。所以，冷板凳上的人处境艰难。

要仔细分析坐冷板凳的原因，要么是这个人能力不够，只能坐冷板凳；要么是上司拿不准你的能力和性格，想要把你放在一个冷僻的位置上，察看你的天资与耐性；还有一个可能就是上级想要升你的职，但要观察一段时间再做最后决定。能力不够，自然不能怪别人；如果能力够却还是在冷板凳上，也不用着急，因为坐冷板凳未必是坏事。这也告诉我们，即使最简单的工作，只要有心也能做得与众不同，让人眼前一亮。

现实职场中，坐冷板凳的结果有三个：一种是耐不住寂寞，跳槽到其他公司；一种是自甘平庸，在冷板凳上一直坐着，一无所成；一种是能够把冷板凳坐热，让人发现自己的优秀，承认自己的价值。在冷板凳上的人常常觉得自己无事可做，这时就要学习，就要钻研如何能把小事做好，让别人能够以小见大，承认你的能力和悟性。

我们每个人都难免会坐冷板凳，这个时候不必心灰意冷，要有面对困难的耐心，还要有耐得住寂寞的韧性。只要心中有对事业的热情、对生活的热情，一定能够感染他人，成就自己。事实上，冷板凳最能考验人，也最能成就人。

照亮黑暗的，是信念

一位师父带着徒弟旅行，一路上风餐露宿。徒弟没想到如此辛苦，难免抱怨不停，一会儿嫌路程太远，一会儿说行李太重。师父说："我们要去拜访几位德高望重之人，怎么能说辛苦呢？"徒弟仍然改不了抱怨的毛病。

这一天，师徒二人走进一座深山，师父突然说："这座山有老虎，我们一定要快点走。"徒弟听了后，不由加快脚步，师徒二人走得飞快，很快就出了深山，在山那边的小镇歇脚。师父问："你刚才走了那么多山路，肩上又有那么多行李，很累吧？"

徒弟摇摇头说："奇怪，刚才一心想着逃命，脚下像生了风，一点也不累，这是为什么？"

"因为你有求生的信念，再远的路也能走，再重的担也能挑。如果你也有求智慧的信念，你就不会一路都抱怨。"师父回答。

在人的各种信念中，求生的信念最为强烈，能让人发挥出无限的潜能。故事里的师父想要告诉徒弟信念的力量：不要畏惧旅途的辛苦，只要有追求、有信念，任何人的脚步都可以变得飞快。如果一个人愿意像爱生命一样爱自己的理想，理想就会成为一种信念。

人有信念是一件好事，信念就像黑暗中的灯塔，尽管它在远方，它的光却让你觉得温暖，让路途看起来不再遥远。特别是灰心丧气的时刻，想到自己的理想和信念，就会涌出不服输的念头和新的力量，支撑自己在困难中站起来，让疲惫的心灵再次振作。信念，让人们相信不可能可以成为可能，相信前程与未来。

伴随信念而来的不光只有力量和决心，还有寂寞。有时候寂寞来自他人的不理解，当你选择一种事业，做出一项决定，身边的人可能都会反对，认识的人都表示怀疑。这种不被理解的寂寞，虽然不算众叛亲离，也让人难受。这个时候信念就显得更加重要，唯有如此，才能在众人的疑义中坚守自己的选择，做出一番成绩。

王林是管理专业的学生，在大学时，他自修日文。也许是运气不好，他的日语等级考试经常失败。不过，王林并没有放弃学习日文，他一直很努力练习会话，阅读各种日文书籍，并把它作为最大的爱好。

毕业后王林进入一家酒店工作，继续学习日语。公司谁也不知道他有这么个爱好。有一次，酒店来了一位日本客人，当时翻译都不在，负责接待的王林只好硬着头皮和那位客人说话，还帮主管翻译了客人带来的资料。主管惊讶地说："真没想到，你的日文这么好！"

因为优秀的日语水平，王林很快得到了提拔。后来，更被总公司调到日本，负责那里的市场开发。王林庆幸自己从未放弃过学习日文，才终于等到了能够派上用场的那一天。

一个人独自做一件事，许久不见成就，难

免灰心丧气，觉得寂寞。付出没有回报的滋味不好受。故事中的王林把一直在做的事当作爱好，有成绩固然高兴，没有成绩至少有乐趣。如此一来，寂寞便不再是寂寞，而是一种对于学习和提高的信念。事实证明，耐得住寂寞的人才能有丰厚回报。

人为什么能忍受寂寞？因为心中有信念，有一定要达到的目标，这个目标所要的不一定是回报，还可能是一个人的志趣，也有可能是单纯的奉献。因为有了这样的认识，即使中途遇到了挫折和失落，也不必放在心上，因为挫折不断是人生的常态。耐得住寂寞与相信信念，都是对生命的一种领悟，也是心灵的一次超脱。

当一个人怀有信念，他就会发现自己肩头的压力不再那么沉重；当一个人心无旁骛，他就能减少不必要的烦恼，轻装上阵。在寂寞的时候，要相信你做的事不会白费，你的努力早晚会得到回报；在失落的时候，想想自己最初的信念，就能一往无前，向着理想大步前进。

第 6 辑
任你花谢花开，我自心香悠然

　　流水在碰到抵触的地方，才能把它的活力解放。人生也是一样，挫折和困难，是为了释放内心的潜能。月圆月缺，花谢花开，只在于心境。

没有比脚更长的路

　　一位国王想要培养儿子们的品性，他对三位王子说："我有一个心愿，想要去传说中的月亮城看一看。那座城在很远的地方，现在，你们去给我探探路，看看从首都去月亮城，需要多少时日。"

　　王子们接受了这个任务，开始上路。他们没想到去月亮城的道路如此艰难，首先要翻过一座大山，然后是一条横亘的河，接下来是野地，还有沙漠……在走到一半的时候，大王子忍受不了旅途辛苦，回去告诉父亲："月亮城太远了，根本没法到达。"

　　二王子和三王子继续行走。他们又穿过一片沼泽，然后遇到一座高大的雪山，二王子也回到都城，对父亲说："月亮城太远了，根本无法到达。"

只有小王子经过长途跋涉，到了月亮城。他回到都城后兴奋地告诉父亲："原来月亮城并不远，只需要一个半月的时间。"父亲说："没错，只需要一个半月。"

"难道您早就知道了？"王子们吃惊地说。

"我年轻的时候早就去过月亮城，我让你们去，是想告诉你们，没有比脚更长的路，一切苦难都可以克服。"国王平静地说。

国王想要培养儿子们坚韧的品性，给了他们一个艰难的任务。能够完成任务的王子历经了舟车劳顿和一次次险情，最后才达到父亲的要求。这位王子是个勇敢的人，勇敢不是不怕困难，而是在困难面前从不退让，甚至有些时候要知其不可而为之。对于勇敢者，一位诗人曾经写过一句类似的诗："没有比脚更长的路，没有比人更高的山。"

每个人都遇到过困境，世界上并没有那么多懦夫，更多的人面对困难都希望自己有勇气排除万难，完成目标。那么，为什么最后成功的人寥寥无几？因为困难来临的时候，他们最初想到的是尝试着迎难而上，一旦发现困难比想象的还要艰难，就忍不住打起了退堂鼓："我已经做了很多事，能做的已经都做了，现在不是我不坚持，是情况不允许。"于是，带着这种精神上的胜利，他们带着不那么完整的胜利感撤退，困难仍然是困难。所以，面对困难，我们要保持内心的平静和行动上的积极，两者结合就是勇气。

毕业后，尚宇成了职场新人，在一家公司

打工，他遇到了一个十分难缠的上司。这个上司最爱挑人毛病，对待新人尚宇，上司可谓时刻观察留意，一有毛病，就要说个没完，还会把这些事告诉老板。更让尚宇受不了的是，一旦工作出了问题，上司就会把责任全部推给尚宇，同事也不会为尚宇说一句公道话。

尚宇只好跳槽。在新公司，尚宇成了优秀员工。可是，他又遇到了一个麻烦的上司，这个上司脾气暴躁，动不动就骂人，骂得十分难听。尚宇心高气傲，又想辞职了事。尚宇的父亲劝他："世界上怎么会有十全十美的人？如果上司要求严格，你就尽力达到他的要求，这对自己难道不也是一种促进？"尚宇打消了辞职的念头，他工作更加努力。渐渐地，上司对他的印象越来越好，逐渐将他当作重点培养对象。

似乎每一个职场新人都遇到过苛刻的上司，他们或者为人挑剔，或者太过严格，你做什么都不能让他们满意，这种情况让你不得不怀疑自己的能力或者怀疑他们的用心。不过，为什么一定要把事情分辨个明明白白？只要你继续努力，不被眼前的困境击倒，能力不够可以用努力弥补，上司别有用心可以用成绩回击，唯有继续努力才是克服困难的办法。

面对困难，最好的方法不是躲避，而是迎难而上。很多人在困难面前容易游移不定，他们对人说自己在思考解决的办法，其实是在左右徘徊，不敢向前迈步，不断纠结要不要换个方向。在时机不成熟的时候，回避困难的确是一种策略，但大多数时候，困难需要你迎上去，困难需要你拿出拼劲，困难需要你硬碰硬，"狭路相逢勇者胜"。

不必为困难纠结太多时间，在逆境中，更能培养一个人勇敢的品性。不够勇敢的人只能与困境长期僵持，越过越难受；懦弱的人会彻底被困境压垮。凡事都有困难之时，与其坐以待毙，不如当个赤手空拳打开局面的勇者。勇敢的人，能把困境踩在脚下，继续前进。

你是鲜花，就需要绽放

年老的智者和年轻的弟子正在花园里锄草。弟子看到满花园的花朵，兴奋地对智者说："师父，您常说人世枯荣的道理，我现在突然明白了。"智者说："说说你想到了什么。"

"我想人与万物没有什么不同。年轻人就像花园里的鲜花，娇艳欲滴，人人喜欢；壮年人就像果实，皮实肉厚；老年人就像果核，干干巴巴。您看我说得对吗？"

"你说得没错，但你不明白，果核看似无用，却是生命的凝结。"

"可是要是没有鲜花，就不会有果实，更不会有果核，鲜花才是最重要的吧？"弟子有些疑惑。

"没错，所有果实都曾经是鲜花，但你千万不要忘记，不是所有鲜花都能成为果实，最后成为果核。"

年轻人朝气蓬勃，老年人经历丰富，有时候双方难免会因自己的条件得意，产生争论。有智慧的老人往往不会和年轻人计较，只会以过来人的身份说些经验，让后来人警醒。不是所有年轻人都会成为有智慧的老人，有些人年老后庸碌无为，有些荒唐无稽，就像不是所有花朵都能结出果实。不必为自己今日的资本得意，凡事要看以后。

什么样的鲜花能够成为果实？首先是那些懂得保护自己的、不被人攀折的花朵。这样的花朵会尽量长在最高的枝头，不但能够接受最充足的阳光，也能防止被人摘走。想要成为果实还要有成长意识，它还会将根扎进最深的土壤，以汲取最足的养分，让自己越发成熟。

人也是一样，想要有所成就，就要像这些结果的花朵一样，要注意自己的根基，在一开始就要有学习意识，不断地累积，壮大自身。还要知道人往高处走，没有最好只有更好，不断进步才能更好地发展。唯有如此，一个人才能超越自身的限制，不断提高自己，使自己的生命焕发光彩。每个人都是有可能结果的花朵，关键是愿不愿意想、愿不愿意做。

在一家酒店，几个中年女服务员正要交班，这时走来一位衣冠楚楚的女士，她向其中一个女服务员打招呼说："好久不见！最近怎么样？"那位女服务员亲热地挽着女士的手，聊了一会儿天。等到女士走后，其他服务员说："天啊，那不是有名的服装设计师吗？你怎么认识这样的人！"

"哈哈，我当然认识她，在十几年前，她和我一样，都是这里的服务员。"女服务员说。

"那么，你们现在为什么有这么大的差别？"其他服务员问。

"那也不奇怪，因为我一直为薪水工作，

而她在那个时候，就自己去报夜校，学习服装设计。她一直为此努力，所以现在她是知名设计师，我还是一个为薪水工作的服务员。"女服务员说。

同样的境遇下，选择不同，结局也会不一样。同样的酒店女服务员，有人可以成为设计师，有人十几年仍然是服务员。如果对这个工作心满意足，生活平安喜乐，任何工作都没有区别。最怕的是内心有不满足，自己不肯努力，只能羡慕别人的成就。

仔细分析人们不努力的原因，会发现并不仅仅是因为懒惰。有些勤勤恳恳的人是因为没有想到，或者干脆不敢想，他们会给自身的境遇划一个界限。常听这样的人说："我这一辈子就是这个样子了，做不了什么。"事实上没有人限制他们，是他们自己限制了自己，他们在内心里先给自己一个笼子，以为自己永远走不出去。于是，即使机会来到他们面前，他们也会对自己说："不可能，我做不到。"

倘若人们没有足够的勇气去梦想、去实现，就只能自甘平庸，一辈子碌碌无为，察觉不到自己的优点。生命只有一次，敢于梦想，困难就不再是困难，挑战也成了有意义的尝试，就像拿破仑所说："不想当将军的士兵不是好士兵。"

阳光穿过缝隙，温暖你的生活

古代有个村庄，有一年闹了旱灾。有个农夫一家三口断粮已经有三天，儿子饿得快要晕倒。农夫和妻子只好求神拜佛，希望老天赐给自己的孩子一口饭吃。

有位菩萨听到了他们的哀求，现身说："我愿意实现你们三个愿望，现在你们说说吧。"农夫的妻子连忙说："我的儿子快要饿死了，请给他一碗饭吧！"菩萨立刻变出一碗饭。

农夫却大发脾气，对妻子说："你怎么这么笨！竟然只要一碗饭！你这么蠢，应该让菩萨把你变成一只猪！"话音刚落，妻子就变成了一头猪。

农夫大惊，连忙对菩萨说："菩萨，求求您，我不能没有妻子，请你把她变回来吧。"转眼间，菩萨将猪变成了人，接着就消失了。儿子吃到一碗饭，却没有吃饱，仍然饿得直哭。

面对困难的时候，大多数人都会抱怨，抱怨是一种简单易行的发泄方法。抱怨的人甚至会说："物不平则鸣，抱怨几句有什么关系？"如果仅仅是几句抱怨，当然没有多大关系，就怕抱怨成了习惯，从此只知道抱怨。遇到什么事都抱怨，到最后演变成没事也要抱怨，整天抱怨个没完，这样的抱怨会直接导致一个人人际关系紧张，甚至一事无成。就像故事中的农夫，一看就知道平日也没少抱怨妻子，大好机会面前还是忍不住抱怨，以致耽误了正事。

当一个人总是抱怨，他就不再认为抱怨是一种毛病，他会认为这仅仅是个人的一种习惯，无伤大雅。但被他抱怨的人却难免产生怨气，大家同时做事，别人都没抱怨，怎么就你一个抱怨呢？所以，对于总是抱怨的人，要么远离一点，要么同化，和他一起抱怨。如果人们都忙着抱怨，自然无心做事，可见有个喜欢抱怨的人在，那个团体的气氛就不会友好上进。

抱怨如果真能解决问题倒还无妨，但抱怨解决不了任何问题，只会让人沉浸在沮丧的情绪里不能自拔，怨天尤人。抱怨的人会抱怨外界环境不好，身边的人不好，自己的运气不好，就是不会问问这样不理想的结果之所以出现，自己究竟有什么问题。也不会问问事已至此，埋怨有什么用？做什么才能真正对未来有好处？

有一个墨西哥女人，为了过上更好的生活，她和丈夫、孩子决定一起移民美国。然而，当他们抵达美国和墨西哥交界的德克萨斯州艾尔巴索城时，她的丈夫却不辞而别，离她而去，留下自己束手无策地面对着两个嗷嗷待哺的孩子。22岁的她决定带着孩子，独自闯荡美国，哪怕饥寒交迫。就在这样的一刻，她告诉自己：我没有时间和精力去抱怨，我必须把自己和孩子都照顾好。

虽然口袋里只剩下几块钱，这个墨西哥女人还是毅然买下车票前往加州。到美国之后，她先在一家墨西哥餐馆里打工，每天从大半夜做到早晨六点钟，收入只有区区几块钱。然而她省吃俭用，努力储蓄，尽可能将每一分钱都

暖心小语

如果把目光放远，就会发现与未来的成就相比，眼前的困难不算什么。

存下来。她想要实现自己的梦想——开一家属于自己的墨西哥小吃店，专卖墨西哥肉饼。

直到有一天，她拿着辛苦攒下来的一笔钱跑到银行申请贷款。她说："我想买下一间店铺，经营墨西哥小吃。如果你们肯借给我几千块钱，那么我的愿望就能够实现了。"这个陌生的外地女人，没有财产抵押，也没有担保人，甚至于她自己也不知这个计划能否成功。但幸运的是，那位银行家佩服她的自信和胆识，决定冒险资助她。

这一年，墨西哥女人25岁。从那一天开始，她慢慢地经营起自己的墨西哥肉饼店。经过15年的努力，这间小吃店不断发展壮大，并陆续开了多家分店，最终拓展成为全美最大的墨西哥食品批发店。这个墨西哥女人就是拉梦娜·巴努宜洛斯。

这个坚强的女人终于成功了，她的故事里最让人震撼的部分就是从不抱怨。丈夫莫名其妙地离开了自己和孩子，她没有埋怨；一个人带着孩子们辛苦地生活，她没有埋怨；自己想开家小店却没有资金，她还是没有埋怨。这个女人用坚强、自信，还有努力代替了埋怨，所以，成功才会青睐她。

抱怨的人目光比较狭窄，他们只盯着自己，不会想到世界上的人其实和他们一样，也要面临各种各样的困难，也会遇到很多不平事。抱怨的人固然有苦衷，但其他人也未必是幸运者，有些人甚至比他们还要困难。只有那些不抱怨只行动的人，才能克服困境，走出一片天地。从这个意义上来说，选择不抱怨，就是选择勇于面对。

如果把目光放大，就会发现与那些真正有困难的人比起来，自己的困难不算什么；如果把目光放远，就会发现与未来的成就相比，眼前的困难不算什么。生命有限，时间有限，很多机会会在你抱怨的时候偷偷溜走，有时间抱怨，不如马上应对困难，制订计划，开始行动。面对困难，我们需要的是勇敢的行动，而不是沮丧的抱怨。

挺过烈日，花朵依然美丽

　　丽丽喜欢盆栽，在父亲的"赞助"下，她养了几盆花。这一天烈日当空，丽丽看到窗台上的花全都打蔫，拿着花洒就要去浇花。父亲却说："现在不能浇花。"丽丽着急地说："再不浇的话，花就晒死了！"父亲说："不能浇，正午的日头毒，你现在浇水，一冷一热，花非死不可。"丽丽半信半疑地放下了花洒。

　　傍晚的时候，父亲让丽丽去给花浇水。果然，那些像是快要枯萎的花朵全都展开花瓣，容光焕发。丽丽说："这些花真能挺，那样的太阳都晒不死它们。"

　　"花不是能挺，是一直活得好好的。"父亲说，"就像一个身处困境却懂得拼搏的人，你说他是在硬挺，还是活得好好的？"

　　"我看他比别人活得更好！"丽丽说。父亲满意地笑了。

　　养过花的人都知道正午不可以给花浇水，那时候的花朵看着打蔫，却并不是即将枯萎，而是花朵面对烈日的一种惯常反应。它自己会挺过烈日，选择合适的温度重新开放。仔细观察，大自然的许多事物都知道如此这般避开伤害，养精蓄锐，留待后发。而人们却常常因为各种主观因素，忘记这种生存的本能。

很多人害怕打击，并非他们没有能力，而是缺乏应对困难的信心。他们认为自己不可能有克服困难的能力，这样的人是被困难吓怕的人。现代生活让我们日渐娇贵，一点事就紧张不休，不相信自己的能力。困难之所以"难"，就在于你现在觉得很难。但我们不能断言自己今后没有这个能力，所以在能够克服之前，我们需要的是咬紧牙关挺过去。

你如果去仔细观察老人和小孩，会发现老人走路低下头，弯下腰，十分不便；小孩子挺直腰板，蹦蹦跳跳，十分活泼。老人和小孩没什么不同，依然快乐地生活着。年老不算什么，生病也不算什么，只有活着最重要。如果能明白这一点，你就会知道困难并不会让你一无所有，只是让你暂时低下头而已，你需要的是勇敢的信念。

抱怨工作是职场新人的通病，一位老板深谙这一点。每一年公司招了新人，难免有一部分人心浮气躁，不久就跳槽。还有极少的人思想成熟，性格稳重，愿意沉下心学习。更多的人整天抱怨工作，抱怨上司，抱怨自己怀才不遇。

暖心小语

挫折就像花朵头上的烈日，看似灼人，其实要不了命，更决定不了你的命运。

每年年末，公司都有年会，老板会带着职员们做一次旅行。旅行大多是在风景区，老板会将新人带在身边，对他们说："你们经常抱怨自己的工作环境不好，现在我想告诉你们一件事。首先，我要把手里的这块石头扔出去，你们能帮我捡回来吗？"

"那怎么可能，海边这么多石头！"新人们说。

"那么，我如果扔出去一块金子，你们能捡回来吗？"看到新人们沉思的表情，老板继续说："这就是我想要告诉你们的事。"

有了挫折和不顺心难免抱怨，重要的是不要失去对自己的信心。如果失去信心，对自己的判断出现偏差，把金子当作石头，那么就算伯乐出现，千里马也会在马群里低着头。挫折就像花朵头上的烈日，看似灼人，其实要不了命，更决定不了你的命运。决定今后结果的是自己的毅力和耐力，能否继续开花，取决于你的决心。

"千辛万苦"这个成语经常被用来形容那些为事业、为理想付出的努力，是个让人尊重的词语。其实，每个人都要历经千辛万苦，从出生到死亡，人们经历过的挫折伤痛都不少。既然如此，为什么不让生命更美一点？同样的千辛万苦，为什么不使它得到更高的回报？

在生活中，痛苦比快乐要多，挫折比顺利要多，没有人能够一帆风顺，那些表面风光的人，背后都有别人想象不到的艰苦努力。每个人都可以暂时与环境妥协，不应该向挫折低头，要相信自己是一块金子，遇到的困难不过是大浪淘沙式的打磨。人生在世挫折难免，不妨告诉自己吃一堑长一智，挺过烈日，花朵依然美丽。

挖掘生活的甘泉，需要坚持

一个年轻人正在院子里挖水井。他是个没常性的人，东挖一锹，西挖一铲，挖了半天都没有任何收获。父亲在旁边看到了，就对他说："在一个地方挖，不要乱动。"

年轻人只好确定一个方位，不停地挖。一连挖了几个钟头，他的双手累得发麻，最终他将铁锹扔掉，对父亲说："不挖了！不挖了！这个院子根本挖不出水井！"

"你这个没常性的人！"父亲训斥道。然后，父亲亲自拿起铁锹，在刚才年轻人挖水井的地方继续挖土。不到几分钟，井水就冒了出来。父亲说："像你这样没有毅力的人，做什么能成呢？以后要改改你这个毛病！"

每一个人都渴望成功，渴望自己的付出得到回报，有多少人的努力停在成功的前一刻？成功有时候就像挖井，确定了某个地方有水源，要做的事只有一件：使劲挖。如果没常性，东挖一个洞西挖一个洞，费时费力不说，最后还是挖不出一滴水。世界上的事大多成于坚持，败于半途而废。

跑马拉松的人最能体会坚持的重要。当出发的口令响起，众人兴致勃勃地奔上跑道。很快，差距拉开，有人因为没体力而退出，有人因为太累了而退出，剩下的人默默地继续跑，他们知道一旦选择开始，就不能轻易放弃，名次并没有那么重要，重要的是证明自己有这份能力和毅力。在漫长的跑道上，能够坚持到底的人都是勇者。

现实生活并不是马拉松，马拉松有明确的终点，现实没有。也许你要一直跑，一直看不到尽头。这时候失望与疲倦来得更加强烈，你只能不断告诉自己继续跑，不能放弃。一切都是对自己的锻炼，即使最后不能到达希望的地方，也在路途中得到了诸多经验和乐趣，这不就是人生的真意？

在巴黎有一个裁缝，他的手艺不好不坏，他开了一家制衣店度日。年老后，他给自己的孙子讲起自己的经历：

"我像你这么大的时候，是一个喜欢拉小提琴的小少爷。那时候我家里很有钱，送我去一个音乐家那里学习。音乐家很看重我，他想把所有的本领教给我。可是过了几年，我迷上了赛马，整天在跑马场里度过，荒废了学业，还将父母留下的遗产全都花光了。"

"后来，我又开始学习缝纫。师父说我很有天赋，可是我学到一半，又想当一个雕塑家。于是我去了巴黎的一所学校学习雕塑。到最后我什么也没学成，只能用半吊子的缝纫技巧开了这家小店混日子。因为什么事都做不到最后，我一无所成，希望你们不要重蹈我的覆辙。"

有位哲人说："假如时光可以倒流，世界上将有一半的人可以成为伟人。"故事中的老人学过很多东西，从他学什么会什么的情况来看，他是一个极其聪明、可塑性极强的人，之所以没有成就，责任只能归咎于他自己。半途

暖心小语

自己选的路，跪着也要把它走完。

而废，浪费的是自己的时间和才华。

　　人们常常思考自己正在做的事，有时会想选择另一条路是不是更好。这件事我们应该全面地分析：选定一条路，发现走不通的时候，可以改变方向；但仅仅是旁边出现看似更好的路就改道，却可能得不偿失。因为旧路已经走了一半，只差坚持，新路一切都是未知，很难预测，还不如老老实实地完成自己的努力，要相信一分耕耘一分收获。随随便便改变最初的决定，就像胡萝卜种了一半改种土豆，不但胡萝卜吃不到，土豆也半生不熟。

　　行百里路半九十，为什么失败的人总是比成功的人多，平庸的人总是比优秀的人多？就是因为前者选择了放弃，后者选择了坚持。前者得到的是一时的安逸，后者得到的却是一辈子的光荣。要做个优秀的人，首先要懂得做个不放弃的勇者。

　　人生辛苦，困境重重，谁都有过放弃的念头，谁都想换一种更轻松的生活，但要明白换来的未必轻松，浪费的可能是最好的。想要放弃的时候，不妨想想自己选择的理由。人们的选择有时是现实所迫，更多时候是基于某种愿望，放弃一半的努力，就等于放弃全部的愿望，你甘心吗？不要轻易说结束，鸣锣开场的戏剧，你身在其中，就算不是主角，也要演到最后。

幸福，无须比较，只需用心感受

森林里正在举行一次演唱会，夜莺和百灵是演唱会上的主角，黄鹂也因它婉转的声音得到评委的青睐。这时，一只猫头鹰上台唱起了歌，那哭丧一样的嗓子让听众们大叫："别唱了！别唱了！听你唱歌简直就是受罪！"

猫头鹰很伤心，它对森林之王哭诉说："同样是鸟，为什么我唱歌就这么难听呢？"

森林之王说："这有什么，你的歌声虽然不好，但在鸟类中，你的视力却是数一数二的。你还有敏捷的动作、锐利的爪子，在黑暗中，很少有鸟类能做你的对手。"

听了森林之王的话，猫头鹰有了信心，它决定发挥自己的特长。它发现自己最适合抓老鼠，于是，它每晚都勤恳地抓田里的老鼠，成了人们赞不绝口的益鸟。

猫头鹰羡慕那些歌喉优美的鸟，并为自己一把倒嗓伤心不已。事实上，比起那些只会唱歌的鸟，猫头鹰不知要能干多少倍。由此可见，一件事的性质常常不是由事实决定，而是由人们的评判标准决定。在松鼠眼里，大象比高山还要巍峨；在大象眼里，松鼠比云彩还要灵巧，倘若它们互相羡慕起来，生活就会被不快占满，不如静下心看看自己的优点。

在生活中，人们常常羡慕那些优秀的人，暗暗幻想自己也有那样的条件。越是羡慕，就越喜欢拿自己和那个人做对比，而且专门拿自己的缺点比人家的优点，拿自己没有的东西去比人家拥有的东西，比来比去，那个人十全十美，自己一无是处。事实上，当你认为自己什么也没有时，幸福已经开始远离你。

更可怕的是，在这种失衡的比较中，羡慕极其容易变为忌妒。忌妒是扭曲人性的魔鬼，它能让人变得狭隘、偏激、阴狠，开始不择手段地得到想要的东西，破坏别人的生活。这种做法损人不利己，只是为了平衡一下自己扭曲的心，更是一种不可取的行为。

有个年轻人正在抱怨自己怀才不遇，他说他总是遇不到伯乐，发挥不了自己的才能，只能过着落魄的生活。

一个老人听到了他的抱怨，就问他说："你还这么年轻，为什么整天不开心呢？"

"因为这个世界不公平，别人那么富有，我却如此贫穷。"年轻人说。

"贫穷？我认为你很富有。"老人说，"比如，我给你一万元钱，买你一根手指头，你同意吗？"年轻人翻个白眼说："当然不同意！"

"那么，我是一个很有钱的人，现在愿意和你换一下，你来当一个富有却衰老的人，你愿意吗？"老人问。年轻人连忙说："当然不愿意！"

"所以，你身上已经有无价的财富，又何必耽误自己呢？"老人说。

年轻人怀才不遇发牢骚，老人提醒他："年轻才是最大的资本。"可见，当你认为自己一无所有的时候，有些人正拿羡慕的眼神看着你。这个世界上没有人能称自己一无所有。人们之所以会认为自己手里的东西太少，一是因为贪婪，二是因为喜欢和人比较。

　　在困难面前，人们更容易产生对比心理，他们会想："假如是×××，一定不像我这么费劲"，或者"如果我有××那样的条件，肯定不会这么倒霉"。这些羡慕是用来逃避的借口，因为不相信自己的能力，或者对自己的能力不满意，才会对他人的成就念念不忘。退一步讲，难道你有了××的条件，就不会倒霉？难道你有×××的能力，遇到困难就能轻而易举化解？凡事要看你敢不敢做，能不能做，而不是有没有条件。

　　想要突破困难首先要正视自我，既要正视优点也要正视缺点。对自大的人来说，要多多留意自己的缺点；对缺乏自信的人来说，要仔细寻找自己的优势。不要总觉得旁人比你优秀，旁人和你一样，甚至在某些方面不如你。他们之所以能突破困境，是因为他们有更坚定的决心和更好的方法，把方法学过来，你也一样能成功。

　　有的时候，人与人的能力的确不尽相同，在同样的事上，有人有天生的优势，有人只能靠后天弥补。这个时候不要死钻牛角尖，感叹自己没有天生的才能。多多尝试，多多行动，总能找到最适合自己的道路。

不经寒霜苦，哪来扑鼻香

　　山里有两块石头，它们享受着清风明月、绿树野草，偶尔还有人在它们身边谈天，说些奇事逸闻。两块石头生活得很惬意。

　　一天，一块石头说："我们的生活太平淡了，我希望出去旅行，增长见闻，让自己的生命更有意义。"另一块说："别折腾了，放着好好的日子不过，去增长什么见闻。你有多结实？怎么能忍受那些磕磕碰碰的日子呢？何况还有粉身碎骨的危险！"

　　"可是，我还是想让生命有意义一点。"石头说。第二天，它请求一个牧童将它带下山。

　　后来，石头历尽磨难，最后掉进一条河。它在河水里颠簸，磨平了所有棱角。有一天，一双手将它捧了起来，它听到有人说："天啊，这是一块多么精美的石头！"

　　于是它被带走，变成了博物馆里展览的宝物。而它的同伴，迄今也还只是一块普通的山石。

　　每个人都有贪图安逸的一面，想要日子顺顺当当，事业一帆风顺，人生万事如意。苦难是人人想要回避的，如果可能，谁也不想没苦给自己找点苦来尝。但也有一部分人，希望能够锻炼自己，为了锻炼而吃苦，就像故事里的这块石头，被大风大浪打磨得光洁圆润，让人啧啧称赞。想必它在吃苦的时候，心中总是装着日后的甜。

"苦尽甘来"是一个令人向往的成语。困境中的人喜欢拿这个词来安慰自己，他们相信自己不会白白付出，即使没有达到想要的结果，也得到不少经验，积累了不少财富。比起一无所有，这些都是"甘"。人生有高潮就有低谷，苦涩甘甜交织，为了追求甜，必须要经历苦，忍耐苦。只要最后的结果是好的，回头看看那些苦涩的历程，也会觉得佩服自己，心中泛起一丝丝的甜味。

面对困难需要提起勇气，勇气的本质是什么？是抵抗压力的能力。外界的难题带来的焦虑感，无人援手的孤独感，能力不足的惧怕感，前程渺茫的失落感，这一切交织成巨大的压力，沉甸甸地压在心头，让我们喘不过气来。只有勇气能够让我们保持内心的坚强，与焦虑和孤独对抗，让我们不致被困难击倒。甚至有些时候，因为有勇气、有耐心，我们能够把苦难变作一种享受，一种由苦到甜的、生命必经的过程。

一个刚刚开始学小提琴的女孩有个愿望，她想砸烂那把小提琴，因为她完全跟不上老师的讲课节奏。她的老师是个古板的大学教授，每天都要求她练习高难度的曲谱，让女孩完全吃不消。每次去上课，老师都要因为她的错误严厉地批评她，几乎每次都把她骂哭。女孩心理压力太大，再也忍受不住，就跟妈妈说："妈妈，我不想学小提琴了。"

妈妈问清原因后，不但不同情女儿，反

暖心小语

宝剑锋从磨砺出，梅花香自苦寒来。

倒对女儿说："既然开始学，就要学好，按照老师说的去做。"得不到母亲的支持，无奈的女孩只好依旧战战兢兢地去上音乐课，经常被老师骂哭，继续在心里咒骂小提琴和高难度的曲子。

直到有一天，女孩去参加一个音乐比赛，题目都是有难度的名曲，很多参赛选手无法顺利完成，而年幼的女孩的演奏却感动了不少评委。那一刻，女孩才终于明白老师的苦心。

懂得教育的老师明白心理素质的重要和基础的重要，在平日就把有资质的学生放在艰难的境遇中，让他们承受巨大的压力，磨砺坚韧的品性。唯有如此，在重大场合，他们才能够做到不怯场，只要照常发挥，就能优于他人，得到好成绩。

强大的抗压能力是成功的关键。正如一个经常经历磨难的人不会把困难当成一回事，他们的内心早就习惯于与困难做斗争。因为习惯了困难，他们有足够的耐性去观察困难，分析困难，还能在突来的情况下保持理智，对即将到来的危险保持警惕，这些都是抗压能力的体现。因为有了这层心理准备，在任何时候，他们都能够鼓起勇气，打起精神。

苦难是人生的财富，唯有苦难才能培养人的抗压能力，让一个人明白何谓勇气。一帆风顺的人大多经不起打击，胜利常常属于那些不屈不挠的人，他们把苦难当作考验，当作教材，他们享受磨砺自己的趣味，以压力为动力。不必害怕困难，只要有足够的勇气，我们一定能用自己的双手排除万难，实现自己的愿望，证明自己的实力，未来永远属于勇敢的人。

第 7 辑
任你风云变幻，我自静待花开

> 做一个淡淡的女子，不浮不躁，不争不抢。淡然地过着自己的生活，不要轰轰烈烈，只求安安心心。素年锦时，静待花开。

淡泊，是一种境界

世间有三类人，一类是平常人，有各种各样的脾气喜好，喜怒哀乐发于心，由着性子做事；一类是聪明人，他们会收敛自己的锋芒，克制自己的脾气，却能知晓事情的关键所在，为人处世圆润而不失人情，他们想达到的目标，比平常人更容易达到；还有一类是淡泊的人，他们既有智商又有情商，既有平常人的七情六欲，又有聪明人的目光如炬。

淡泊是一种境界，凡事做得精，走得高，到了一定程度，就会不为事物所累，做到淡泊。他们和普通人的最大区别在于：他们能够掌握分寸做到进退得宜。平常人的伤心是一味地伤心，淡泊者却能够看到事物的另一面，做到哀而不伤；他们和聪明人的区别在于：聪明人的聪明往往对人对事，含有目的，而淡泊者却能做到看透人事，保持自己心中清净。聪明到了超脱的境界，就是睿智，淡泊者当得起睿智的评价，他们最大的特点是不与人争。

在我国古代，宰相是一个重要的职位，人们常说国家好不好，靠的不是皇上，而是宰相。皇上只要不太离谱，有个好宰相，依然能国泰民安。皇帝们也都明白这个道理，都想找个最好的宰相帮自己分担国事。

有个皇帝刚刚登基，一朝天子一朝臣，皇帝要选一个新宰相。候选人有两个，一个是前任宰相的副手，另一个是翰林院的大臣，两个人年纪相当，都有优秀的能力和深厚的学识，皇帝为选谁出任宰相大伤脑筋。这位皇帝年少老成，想到一个好办法。他派手下的太监秘密出宫，分别告诉那两个人："根据我的消息，皇上明天就会任命你为宰相！"

听到消息后，两个人的表现截然不同，副宰相兴奋得一夜睡不着觉，一整夜都在想明日如何谢恩。另一位大臣却镇定自若，丝毫没把这个好消息放在心上。皇帝听了手下的汇报后，摇摇头说："国家事务这么多，需要一个有平常心的人来掌管，听到能当宰相就睡不着觉的人，怎么能扛起一个国家的重担？"第二天，皇帝宣布由另一位大臣出任宰相。

暖心小语

睿智者不争，正如最高的树木不会被其他树木遮住，可以尽享阳光。

皇上选择宰相看重心理能力，他知道一个国家事务繁多，宰相日理万机，大事小情一把抓，如果心理素质不好，今天听到捷报失眠，明天听到噩耗吃不下饭，如何保持理性的判断力？可见皇上想要找的是一个睿智的人，他能够做到手有重权，心中淡泊，不被得失左右，一心一意只做自己的工作，这样的人才能让人放心。

淡泊者有一颗平常心，他们相信是你的终归是你的，不是你的强求也得不来。这并不是一种认命的状态，事实上他们做的准备可能比任何人都要多，具备的素质比任何人都要好，也比任何人都要适合他们想做的事。为什么还能做到罔顾得失？因为他们知道世事无常，有太多因素左右时局，不是一己之力所能更改。强求不是跟别人过不去，而是跟自己过不去。

淡泊者睿智，经得起大风大浪，在他们眼中，结局如何不重要，自己有没有得到也不重要，重要的是自己做到了、做好了什么。正因为少了对虚名的追求，他们才能比别人更加认真、更加执着；少了对回报的坚持，他们才能比别人更加超脱，更加快乐。

做只难得糊涂的夏虫

李彤最近升了职，好友们为她摆酒祝贺。席上，李彤的一个同事小张喜欢卖弄，常常说话引得大家笑也不是，说也不是。几杯酒过后，这位同事又说："李白曾经作诗说：'春风得意马蹄疾'，说的就是小彤现在的情况！"

这时，一直看不惯的小李说话了："这句诗是孟郊做的，你弄错了。还有，下一句是'一日看尽长安花'，这不是咒小彤？"酒席上的气氛立刻变得有些凝重，小李借着酒醉，历数小张的不是，搞得大家都没心思庆祝，小张喝到一半就告辞回家。大家都埋怨小李说："谁不知道小张是那个样子，何必跟他较真？"

很多时候我们喜欢争辩，因为自己是对的，他人是错的，我们争得头头是道，有时候难免咄咄逼人。就像酒席上的小李，一定要和小张争一争诗的作者是谁，但争这个有什么意义？也许小张根本没读过诗，也许他是故意说错引人发笑，如果真为小张考虑，不妨私下告知，既不扫他的面子，又纠正了他的错误，何必搞得大家都不自在。

我们都看过辩论赛，辩论双方引经据典，如果实力相当，会让我们看得痛快淋漓；我们都知道诸葛亮舌战群儒，他的才华和辩才让我们羡慕不已。可是，生活不是辩论赛，没有那么多事需要你唇枪舌剑。《红楼梦》里的林黛玉就是因为口头上从来不饶人，才不得人心。如果伤害到那些无关的人，倒还无关紧要，伤害到关心自己的人，却是得不偿失。

郑板桥说："难得糊涂。"这个"糊涂"是指为人处世有时不要太较真，凡事不必要辩个明白，争出个是非曲直，最重要的是心里明白。有时候顺水推舟卖个人情，既不损害自己的利益，也不伤害别人的感情，何乐而不为？一味较真，只会让身边的人不敢轻易与你讨论问题，害怕你认真个没完，扫了友好讨论的兴致。

北宋时期，苏东坡和佛印是一对好朋友，二人志趣相投，经常在一起谈论佛道，也常捉弄对方。有一次，苏东坡写了一首诗赞扬自己心性清明，不受外界诱惑。诗曰：

"稽首天中天，毫光照大千。八风吹不动，端坐紫金莲。"

恰好佛印来苏东坡家里玩，苏东坡不在。他看到桌上这首诗，当即在诗后写了两个字："放屁。"写罢扬长而去。

苏东坡回家后看到这句评语，气得七窍生烟，当即要找佛印理论。佛印大笑说："咦，你不是'八风吹不动'吗？怎么一个'屁'就把你吹来了？"

苏东坡听后，这才察觉自己根本没有达到不受外界影响的境界，从此再也不敢吹嘘。

苏东坡写了一首诗，证明自己活得明白，活得透彻。睿智的佛印两个字就让苏东坡现了原形，什么明白，什么透彻，大家不过都是芸芸俗世的普通人，标榜自己只会显得做作，承认自己糊涂倒不失坦率。

世间的事纷繁错综，有时候你认为自己很明白，其实你看到的仍然可能是假象。有时候硬要追求真相只会让自己身心俱疲。而且，一人眼里一个真相，在夏虫眼里，不会知道冬天是什么，它的寿命也到不了冬天，跟它说了也没用，还会给它增加烦恼。我们有时不妨也做只夏虫，不必对自己根本摸不到的事物伤脑筋，做好自己的事才最重要。

在日常生活中，我们难免遇到纷争，我们修炼内心，就是为了心底的宁静，在纷争面前做到不动声色。只要看得透纷争的本质，就不必与人争一时的言语长短，就算听了别人几句闲言，也不必放在心上，更无须事事与人争个分明。要记得自己并不是全知全能，你所认定的事实未必符合他人的情况，想到这一点，就能在纷争面前泰然自若。旁人看你糊涂，你却比任何人都明白，这就是睿智者的最高境界——大智若愚。

看淡自己的风光

英国首相丘吉尔是二战时的英雄，他与斯大林、罗斯福并称为"二战三巨头"。在生活中，丘吉尔是个低调而谦虚的人，他常对人说："不要太把自己当一回事的。"

丘吉尔的这种见解来自他的一段亲身经历。二战时候丘吉尔发表演说，鼓舞英国人民的抗争信心，每一天，他都要赶往电台。一次，他的车子坏了，只能打一辆出租车，司机却说："对不起，我不能载您，我要回家听丘吉尔的演说。"

丘吉尔很自豪，但电台还是要按时去，他说："请您务必载我去电台，我愿意付 50 英镑！"司机兴奋地说："马上上车吧先生，我会以最快的速度将你送过去！"

"可是，你不是还要听丘吉尔的演说？"丘吉尔问。

"让那个演说见鬼去吧，现在只有您是最重要的！"司机回答。

人性有虚荣的一面，会为自己的成绩沾沾自喜，为自己的地位扬扬自得，当发现有人尊敬自己，即使表面上不表现出来，心里也会暗暗高兴。这一点，平常人与伟人并没有什么不同。在这个故事中，丘吉尔为自己的声名得意，但不到一分钟，就明白自己还不如 50 英镑。丘吉尔无须伤怀，因为比起他人，所有人都更重视自己的生活。

人们渴望得到他人的关注，因此发愤努力让自己更加优秀，甚至在该休息的时候仍然勉强自己，在不情愿的时候还要强迫自己，用这种方式换来别人的称赞。但是，别人的称赞究竟有什么用？或者，别人的称赞究竟是发自内心的，还是随口敷衍的？说到底，虚荣的人渴望的是虚荣，得到的大多是虚假，他们最容易把自己当一回事，而在别人眼中，他们不过尔尔，没有特别的意义。

何况，人外有人天外有天，比起真正的高人，你还有很多需要改进的地方，如果为一点成绩就扬扬得意，无疑是阻碍了自己前进的步伐。一个人不能没有远见，要明白自己的斤两，才不会惹人笑话。否则不断炫耀自己，就只能停留在某一个层次，眼界无法继续开拓，这是一个人最大的损失。

王先生曾在一家大公司当总经理，可谓风光一时。后来因为工作失误，他被撤销了职务，去当浙江大区的副理，相当于连降三级。王先生自觉脸上无光，很怕别人问起这件事，说起自己的工作总是闪烁其词。

一日，王先生在大街上遇到一位朋友，朋友说："听说你不做总经理了？那调到哪里去了？"王先生说："调到浙江去了，有空你过来玩。"两个人分开后，王先生总怕朋友在背后笑话他，惴惴不安了好几天。

没多久，王先生又碰到了那位朋友，朋友又说："听说你不做总经理了？现在是什么职位？"王先生有点恼怒，认为朋友是在故意给自己难堪，只好说："我调到浙江，现在是副理。"朋友一拍脑袋说："哎呀，你说过，我竟然忘了，对不起。"

王先生这才明白，自己在乎的事，别人根本不当回事；自己的风光，别人其实并不看重。各人有各人的生活，在别人那里，自己并没有那么重要。

被降职是一件丢脸的事，王先生深以为耻。可在别人眼中，升降最多是茶余饭后的一项谈资，听过便忘，谁会记在心里？而那些别有用心的人大多对自己心怀敌意，为什么要被他们左右自己的情绪？看到朋友的"遗忘"，王先生终于明白自己没那么重要，不论什么事都是自己的，只要想通，都可以释怀。

其实你在意的事，别人并不放在心上，你的成功与失败，和别人的生活没有多大关系。没有那么多人等着看你出丑，也没有多少人在乎你是否受人瞩目，你放在心上的所谓"成绩"、"名气"，可以用来鼓励自己，让亲友欣慰，如果以为无关的人也能时时刻刻记在心上，那就是一种自恋。

自恋的人与自重的人不同，他们都看重自己，但自重的人在心底认可自己，希望得到别人的尊重；自恋的人却认定别人都得承认自己，看重自己。这种自恋放在心里还好，一旦别人知道，只会哭笑不得，尖刻的人也许还会问上一句："你以为自己是谁啊？"

睿智的人一向警惕自我膨胀，保持谦虚低调，他们不会因为成绩就把自己看得多么了不起，因为他们的眼光始终在更高的地方，他们想的永远是自己做得不够的地方。所以，他们能够更好地远离虚荣的烦恼。他们知道，在心里要认同自己，但不要太把自己的名气与成绩当一回事，只有这样才能不断进步，让别人真正把你当一回事。

求人不如求己

　　我们从小就被教育："自己的事情自己做。"其实我们幼时得到的教育都是祖辈历经几千年沉淀下来的智慧，浅显易懂。当你真正思考它，才会发现那些简单的话才是真理，胜过他人喋喋不休的教诲。任何时候都要靠自己的思考和力量克服困难，这是能力，也是智慧。睿智的人并非对人性绝望，而是更能体谅他人，对自己也有更严格的要求。

　　秋天到了，两只猴子正在为过冬的粮食烦恼，它们的运气很好，前方出现一袋玉米——也许是从运货的卡车上掉下来的。

　　平分了一袋玉米，两只猴子得到了过冬的粮食。一只猴子将玉米拖回山洞，剥了一半作为冬天的食物，另一半留下来，准备春天到来时播种。

　　又一年的秋天到了，种下玉米的猴子已经收获了一整年的粮食，它高兴得四处跳跃。这时，它看到自己的朋友——那只拿了另半袋玉米的猴子，那只猴子愁眉苦脸，正在为过冬的粮食烦恼。猴子惊讶地说："去年，我们不是捡到了一袋玉米？"

　　"是啊，靠着那半袋玉米，我过了一个舒服的冬天。这个冬天不知该怎么过，我希望自己还能捡到一袋玉米。"那只猴子说。

在灾难即将到来的时候，没有谁能帮助自己，大家自顾不暇，等待的人只有死路一条，这个时候唯有运用智慧，自己拯救自己。故事中的两只猴子就像正反教材，一个自食其力，一个听天由命，听天由命的人也许会得到一时的好运或者一时的救济，但自食其力的人拥有的却是一世的财富。一时和一世的区别，相信每个人都能分辨。

人不能靠他人生活，靠他人生活的人本质上是乞丐，有些乞丐在街边向陌生人乞讨，有些乞丐在家中向父母乞讨，有些则在社会上向周围的人乞讨。说穿了，多数乞丐不是没有能力，而是懒惰，不愿意自己动手，有一种"懒汉思维"，有了愿望也希望由别人帮自己实现，自己只要坐享其成就行。在小事上，懒汉们也许能得过且过，一旦出了大事，旁人无法帮助他们，他们就会大惊失色，不知如何是好。

人要当自己的救世主，有人愿意帮助你，那是人与人之间的情谊，应该感激。但要记住别人帮你并不是义务，今天他有能力和心意帮你，明天可能就没有这份能力和心意。能够自己完成的事一定要自己完成，才能真正培养自己的实力。自助者天助，求人不如求己，相信这句话的既是强者，也是智者。

美丽是短暂的，学会珍惜

三位智者正在谈论如何感悟生活，其中一个说："不过是为了知晓世事无常，你们还记得究竟在什么时候，无比深切地感受到这一点吗？"

一位说："我在小时候就感受到了这一点。有一次我坐在葡萄园里，看到葡萄藤上悬挂着串串葡萄，饱满可爱。没想到不到一个时辰，就有人前来摘取，葡萄园立刻变成一片狼藉，我这才发现美丽是短暂的。"

另一位说："我在年轻的时候领悟了这个道理。有一天我独自坐在池边，看到荷花开得正好。这时几条船行了过来，有人跳进池中嬉戏，不一会儿荷花池就被糟蹋得不成样子。"

第一位智者说："我直到老年才明白这个道理。我曾经是这个国家最有名的将军，有一次在战场杀敌，我中箭落入河中，幸好漂到一个岛上为人所救，半年后我才能起身回国。皇帝和百姓都以为我死了，给我立了一座墓碑，我才发现功名不过是一座墓碑。"

很多时候，感悟悄然而至，一件普通的事，一个普通的场景，可能让人想清楚一直想不通的事。什么样的事能让鼓噪的心灵在顷刻间归于平静？恐怕要数亲眼看到曾经显赫美丽的事物到了末路。

一切美丽都是短暂的，一切胜利都是短暂的。果实转眼就被摘取，花朵不过一个季节就会尽数凋残，叱咤风云最后的结局也不过是一座墓碑，这种强烈的对比最能震撼心灵，看得多了，就会反思人们究竟在争夺什么？果实想要结得最大，结果最先被人摘取；花朵想要开得最美，却第一个失去生命；生前争得你死我活，死后不过是墓地里两块并排的方碑。

想得更深入一点，就会发现世界上的事，不论你费了多少心思力气，得到后多么欢快喜悦，也只能暂时拥有。因为一切都是短暂的，不论你得意还是失落，得到还是失去。智者为什么总是追寻超脱？因为有一双看透世事的眼睛，让自己学会不去计较，才能更好地享受来之不易的生命，让短暂的生命不会在无用的情绪中被消磨浪费。

古时候，有一个铁罐子和一个陶罐子，铁罐子里放着干果，而陶罐子里放着鲜果酿出的美酒。陶罐子扬扬得意地说："你看，我是多么美丽，我有五彩的外观，又装了上好的酒，我是世界上最尊贵的罐子！"

铁罐子很不服气，它讥笑道："你有什么了不起，如果有人不小心碰你一下，你立刻就会变成碎片。而我，不论怎样磕碰，即使发生地震，我也安然无恙！"

陶罐子和铁罐子争执不休，后来它们分别被送给他人，从此再也看不到彼此。没过几年，陶罐子被人不小心打碎，碎片扔到了一条河里，它想起铁罐子说的话，不由感叹："看来铁罐子说得没错，我的美丽多么不堪一击。"又过了不知多少年，陶罐子的碎片被考古学家捡到，放进了博物馆。令陶罐子惊讶的是，它的旁边正放着当年的

暖心小语

淡泊的人明白一切都是暂时的，但淡泊不是虚无，而是珍惜。

铁罐子，只是，铁罐子早已锈迹斑斑。两个罐子感慨万千，铁罐子说："分开以后，我被放在一个地下室，没过多久就生满铁锈，被主人扔掉，最近才被人挖出来。我以为你一定在哪个王宫里！"

陶罐子说："我的遭遇和你一样，好不容易才能在这里歇下来。今天我才明白，一切美丽和坚固都是暂时的，我们以前真不应该争吵。"

故事中的陶罐、铁罐曾经看彼此不顺眼，挖空心思想证明自己比对方优秀。等遇到厄运，又羡慕起对方，承认自己还不如对方。直到它们垂垂老矣，才聚在一起客观地看待自己和对方，亲切而平和地话话家常。如果它们早就知晓世事无常，它们会有更多相知相伴的回忆。

如何做到睿智与淡泊？答案是多看多想，看一看那些曾经美丽的如今变成什么样。任何事物都无法长久存在下去，懂得事物的结果，自然也就少了与人摩擦争执的心理，或者更愿意让别人一步。

需要知道的是，看透事物并不代表对事物绝望，而是因为我们看透了一切的结果，才可以做到不去计较过程中的得失。但生命只有一次，很多体验也只有一次，如果不能做到全心全意，就是最大的损失。淡泊的人明白一切都是暂时的，但淡泊不是虚无，而是珍惜。

撑开宽容的伞，容人容己

　　森林里的狗熊爱吃蜂蜜，经常趁小蜜蜂不在家时吃光它们好不容易采集的蜂蜜。这样的事发生几次后，小蜜蜂们非常气愤，决定报复狗熊。

　　一只老蜜蜂说："孩子们，不要随便憎恨别人，更不要随便报复，否则只会两败俱伤。"小蜜蜂们正在气头上，哪里肯听老蜜蜂的话。它们成群结队地闯进狗熊的家，用身上的毒刺刺狗熊，狗熊被蜇得半死，小蜜蜂们终于报了一箭之仇。

　　可是，蜜蜂一旦蜇了别的生物，就会死亡，刚刚报了仇的蜜蜂们很快都死掉了。老蜜蜂叹息道："早就跟你们说过，与其仇恨不如宽容，解决事情的方法那么多，你们为什么偏要选择最坏的一种方法？"

　　蜜蜂成群结队去向狗熊报仇，出了一口恶气，却也断送了自己的性命。憎恨是一把双刃剑，有时伤敌一千自损八百，有时两败俱伤，还有更倒霉的时候，你损害不到敌人，只伤到自己。正如老蜜蜂说的那样，憎恨恐怕是解决事情最坏的一种方法。

　　憎恨来源于争执，来源于不可调和的摩擦，但我们要明白在生活中，谁都会做出损害他人利益的事，我们自己也不例外。他人可能是有意的，也可能是无意的，但事情已经发生，损失已经造成，我们能够做的是想办法让损失变小，伤害变小，而不是搞得它越来越复杂，越来越没完没了。

一个人如果心怀仇恨，他的视野就会变得狭小，他每天唯一想到的事就是报仇，不会再有任何欢乐。而报复这个行为是接连不断的，你报复了别人，别人就可能报复你，所以人们常说冤冤相报何时了，就是奉劝世人应该及时化解怨恨。有误会，就要及时消除；有不满，也要及时指出。就算真的吃了亏，也要看看对方的情况，考虑共存的可能，而不是一下子就把对方视为仇敌，不打倒对方誓不罢休。

宋朝时，有一个叫吕端的官员，他才华出众，在年轻的时候就被任命为副宰相，这项任命引起满朝哗然。朝臣们都说："这么年轻能有什么才干，恐怕是靠拍马屁才当上副宰相吧！"有时候吕端走在前面，后面就有人说这种话，吕端从不回头看一眼。

几个好友为吕端抱不平，想要告诉吕端谁在造谣生事。可是吕端却劝他们不必如此，他说："我年纪轻，到这个职位难免有人说闲话，这也是人之常情。如果我不知道是谁说的，就能保持一颗平常心；知道的话，不但自己心里乱，看到他也难免会怨怼。这样看来，还是不知道的好。"朋友们都赞叹："这真是'宰相肚里能撑船'！"

这件事很快传到朝廷上，人们都为吕端的心胸折服，从此再也不嘲讽他。

暖心小语

憎恨只会换来憎恨，只有宽容才能得到宽容。

吕端对待仇恨有自己的一套办法，他并不想知道谁在议论自己，就是不想心中萌发仇恨的种子。面对矛盾，他选择了宽容，这种选择不但避免了自己的烦恼，还换来了他人的尊重。由此可见，对待仇恨的最好办法就是宽容。

一个人想要得到什么样的对待，就要先用这样的态度去对待别人，这是人与人之间交往的基础，在对待仇恨上也是如此。当我们不小心冒犯了别人，我们希望得到他人的宽容，而不是记恨。其实，那些冒犯过你、伤害过你的人也和你有一样的心。面对争执，如果你选择的不是憎恨，就会发现他人更愿意与你友好相处。

睿智的人懂得宽容，他们明白宽容的最终受益者是自己，以开阔的心态对待他人，一定能换来同样的对待。憎恨只会换来憎恨，只有宽容才能得到宽容，当你选择一种对待仇恨的态度时，不要忘记你是在选择一种生活：多一位朋友还是多一个敌人？这选择并不困难。

播撒善良，收获阳光心情

　　一只蜘蛛走过地狱火海，突然听到一个人对自己说："救救我吧，小蜘蛛。"蜘蛛回头一看，只见一个男人正在地狱之火中忍受煎熬，十分痛苦。再仔细一看，原来这男人生前对自己有恩，他曾经在发大水时将自己放在无水的箱子里，使自己度过一劫。

　　小蜘蛛知恩图报，就将蜘蛛丝伸进火中，想要把那个人拉出来。那人欣喜地抓住蛛丝，没想到，烈火中其他人看到这条蛛丝，也来拉扯，他们都想要摆脱火狱。

　　"千万别放开。"小蜘蛛对那人说，用力拉着蛛丝。那人看拉住蛛丝的人越来越多，心里着急，唯恐他人抢了自己求生的机会，干脆用力一拉，将蛛丝拉断。这样一来，别人固然再也拉不到蛛丝，他自己也失去了脱离火海的机会。

　　在这个故事中，地狱中受苦的人就因为对他人的恶念，导致了自己失去脱离苦海的机会。由此可见，心中有恶念的人，伤害的不仅仅是别人，自己也会被这恶念伤害。

　　善与恶不同，当一个人选择善良，也许他会因此遭受欺骗和损失，但他的内心是坦荡的，他所做的事帮助了他人也帮助了自己，任何时候，他都不会被悔恨与惊慌折磨。因为他们对人对事常存善心，便不会心怀鬼胎，终日与人钩心斗角，害怕别人暗算自己。心怀恶念的人没有安全感，而心怀善念的人每一天都很踏实。

善良是什么？善良就是遇事的时候不要只想着自己，一定要想想他人的感受、他人的利益，在可能的范围内照顾到他人，即使那会损害到自己，也不要斤斤计较。而且，当看到他人有困难，不要袖手旁观，要保证自己有同情心和人情味。

俗话说好人有好报。一颗善良的心，必然能得到善良的回报。将心比心，谁不希望自己在困难中得到帮助？谁不希望自己在悲伤中得到安慰？如果你平日以温和亲切的态度和人交往，在他们有困难的时候尽可能地提供帮助，那么他们又怎会在你有难的时候视而不见？由此可见，善待他人就是善待自己。

有位女记者经常去穷乡僻壤跑新闻。工作之余，她拍了很多照片，这些照片拍的是贫困孩子的生活状态，有孩子们用的课本，孩子们吃的饭食，还有孩子们渴望知识的眼睛。女记者将这些照片贴在自己的博客里，准备条件成熟后，为这些孩子联系资助人。

没想到，博客点击率出奇地高。女记者很诧异，报社的一位长辈告诉她："这件事并不奇怪，现代社会人情冷漠，人们需要一些刺激，来维持心中的善良。这些弱小的孩子能够使他们保持同情心。人一旦有了同情心，就会更珍惜生活，也更懂得生活。最重

暖心小语

多做一件好事，不会浪费你多少气力，却能让你收获长时间的好心情。

要的是，让心中怀有善念，就能够抑制恶念，这是现代人需要的。"女记者恍然大悟。

现代人心态浮躁，在竞争日益激烈的情况下，更容易产生恶念。这个时候，就需要培养自己的同情心，保持自己对他人的信任、对生活的热爱、对世界的热情。而且，这个社会需要同情心，人们只有互相关怀，才能共同进步。

善恶最能体现一个人的人格，一个人仅凭自己的成就在社会能够立足，但他所得到的仅仅是一己之利。如果他能够用自己的所得帮助更多的人，他将以善行吸引别人，这种人格上的吸引力更为持久。即使有一天这个人去世，他也会被更多的人怀念。相反，有些恶人虽然得到了一时的显赫，但人们会记得他的恶行，世代唾弃他，遗臭万年比流芳百世更加容易。

孟子说："勿以善小而不为，勿以恶小而为之。"多做一件好事，不会浪费你多少气力，却能让你收获长时间的好心情。而做一件坏事，也许也不会花费多少气力，却会让别人在很长时间没有好心情。两相比较，为恶不如为善。人的一生做一件好事容易，一直做好事却很难，但我们仍要把善良作为对自己的基本要求，因为善良的人不会愧对他人，不会常常内疚，在任何时候都能够抬头挺胸，坦坦荡荡。

坐看细水长流

三国时期，枭雄曹操占据中原，他很注意培养自己的接班人。当时，太子是曹操的二儿子曹丕，曹操却更喜欢文采过人、名动天下的曹植。曹丕很慌张，害怕父亲换掉自己，曹丕的谋士给他出主意说："您不要慌张，也不要和曹植竞争，只要做好您自己的事，显示出您的品德和气量就可以。"曹丕依言而行。

一次曹操即将出征，曹植抓紧机会朗诵自己歌颂父亲的文章，曹操听了很欢喜。再看曹丕，突然流下眼泪，跪在地上说："父王年事已高，还要亲自出征，作为儿子的我真是担心。"满朝大臣都为曹丕的孝顺而感动。大家都夸曹丕恪守太子本分，不炫耀不争名，是最佳的太子人选。曹操再三权衡，也认为曹丕的心胸更适合做一国之君。最后，曹丕坐稳了太子的位子，并在曹操死后当了魏国皇帝。

三国时，曹丕与曹植争夺太子之位，这个故事常常被人们说起。人们说到的不仅仅是曹丕后来对曹植的迫害，还有开始的时候曹丕妥善的应对策略；也不仅仅是对曹植的同情和惋惜，还有从曹植的故事里吸取的教训。从曹植的角度来看，他有才华，深受曹操的喜爱，有一批拥护自己的大臣。倘若他能收敛锋芒，一门心思恪守儿子的本分，多多立下功劳，而不是锋芒毕露，就不会让曹操否定他，还惹怒哥哥，导致哥哥即位后的报复行动。

争与不争的确是个难题，很多时候，不争的人往往是最后的胜利者。不争的人能把精力集中在事业本身，而不是细枝末节。他们全神贯注地想着自己如何能做得更好，而不是如何达到目的。可以说，不争之人少了一些功利，多了一些淳厚，最后水到渠成。

做事的时候，睿智的人想到的不是与别人争，而是从自己的角度，审视自己是否可以做好。何必管他人如何？他要争自去争，最后的胜利属于那个做得更好的人。任何时候，做事的比说事的人收获更多。

在一座过街天桥下，有一位拉二胡的老人，他每天坐在天桥下拉着二胡，过往的人都会被那美好的音乐吸引，听完一段再继续赶路。这位老人并不是卖艺的，他只是喜欢音乐，想要找个地方和人分享自己的心情。

经常有人来天桥下找老人求教。有一次，天桥上的小摊贩好奇，拉住一个求教者问："这个老头到底是谁，为什么这么多人来找他学习？"那人说："他可不简单，以前是国家级的表演艺术家，放眼全国，有他这种造诣的人没几个！"

"这样的人，怎么会坐在天桥下？"小摊贩惊讶地问。

"这就是我们最佩服他的地方，对他来说，不论在天桥下也好，在外国总统面前也好，他都是一个样子。这才是真正的大师风范！"

淡泊的人具有真正的胜利者的风度。只

有有足够底气的人才能如故事中的老人那样，坐在任何一个演出场所，面对任何一位观众，面不改色，一视同仁。他的眼里只有艺术，他愿意真诚地与倾听的人进行交流，也只有这样的人，能传达艺术的真谛，感动每一个听众。大师风范不是官方授予，而是口耳相传，见到的人为之折服，钦佩不已。

淡泊的人身上有怡然自得的生活感，他们看上去从不与人争执，也不会和人发生冲突和口角，他们并非没有自己的脾气，却认为很多事根本不值得一争，自己的心情才是最重要的。他们用更多的时间完善自我，做自己想做的事，享受过程中的快乐，这种态度常常令旁人感叹不已，认为这是一种境界，常人不可能达到。

少一些贪婪，不要处处与人争执，一心一意地做自己该做的事，不强求结果，就是一种淡泊。人生短暂，难得的是平和的心境与幸福的心情。做一个睿智而淡泊的人，才能享受更多世间风景，拈花而笑，坐看细水长流，花开花落。

第8辑
任你波澜壮阔，我自碧海晴天

日子，是在忙忙碌碌中平淡；生活，是在粗茶淡饭中生香；人生，是在坎坷挫折中历练；心情，是在百味杂陈中安暖。把该放下的放下，让心轻松。

随缘随心，顺其自然

有一位很有名望的智者住在远离闹市的山上，很多人慕名前来拜访，想要聆听他充满智慧的言语。其中不乏当朝的权贵人物。一日，几个大臣相约拜见智者，一行人在山中泉水旁谈天，有个大臣向智者请教万事万物的道理。

当时正是初秋，山里的树木半黄不黄，智者指着一棵树问："你们说，这树是枯萎的好，还是繁茂的好？"

"当然是繁茂的好！"有人说。智者却说："繁茂的东西免不了枯萎。"

"我觉得枯萎的好。"又有人说。智者说："枯萎的也会成为过去。"

"到底什么才是最好的？请大师指点。"几位大臣同时作揖。智者说："繁茂的就让它繁茂，枯萎的就随它枯萎，这就是最好的。"

繁华也好，枯萎也罢，大自然的一切遵循四季规律，对于树木来说，春天抽枝，夏天繁茂，秋日结果落叶，冬日休养生息以待来年，这种轮回型的一生一息是最合理、最自然，也是最好的生存方式。如果放进暖棚春冬不息地茂密着，恐怕树木也觉得疲惫，观者也觉得太过刻意。唯有自然的，才是最好的。

人生也是如此。人的悲欢离合就像月的阴晴圆缺，非人力所能改变。生老病死伴随着一个人的生命，所有人都会为它们苦恼，所有人都逃不开它们的束缚，这就是生命的本质。一个懂得自然的人，幼时嬉戏，壮时立业，老来颐养天年，就是生命的最佳状态。唯有这种自然，才能让身心达到和谐，领略每个年龄段的乐趣，这样的生命才能称为享受。

与人相处也应自然，人与人之间有冥冥中的缘分，否则如何解释茫茫人海你遇到的是这一个、这一些？当缘分来了，千山万水也挡不住；缘分去了，一街之隔也会老死不相往来。在拥有的时候珍惜，在远去的时候珍重，领会这种自然，不强求改变，就是豁达。豁达的人不强求，他们知道万物的缘起，也知道生命的归宿，比起无尽的宇宙，人类的存在太过渺小，如沧海一粟。

山里有一户贫苦人家。这一天，母亲给儿子一个碗，吩咐他去山那边的集市买一碗油。儿子装了满满一碗，小心翼翼地往家里端，可惜他越是小心，越是容易出错。在村口，他被脚下的石头绊了一跤，不但油洒了，碗也摔碎了。

孩子被母亲骂了一顿，母亲又给他一个碗说："再去打一碗，这一次别再打碎了！"孩子刚要走，母亲又说："打半碗就行，回来的时候不用太小心，该玩就玩，该说话就说话。"

　　孩子按照母亲的吩咐打了半碗油。回来的时候，他像往常一样左看看右看看，没有留意手中的碗。这一次，他平平安安回到家。母亲说："越是过分在意，越容易出错，保持平常状态，才是最好的状态。"

　　一碗油洒了出去，就算再可惜、再抱怨也不能让它回来，与其白白生气，不如下次更加小心，用更好的方法；凡事太过小心翼翼，难免因为太过精细产生疏漏，只有保持最平常的状态，错误才能最少。所以要保持一份轻松平和的心态，这就是顺其自然。

　　为人处世也应顺其自然。一时有了不如意，不必垂头丧气，因为人生都有低谷，耐得住就能走到高潮；一时遭人怨恨，也不必非要解释，日久见人心，他总会知道你的真诚。有些人的一生都在追求不属于自己的东西，直到老死才明白什么也不属于自己，能够掌握的只有生命本身。可那些与年龄、感情、兴趣有关的欢乐早就被他们抛弃，再想追回已是无能为力，徒留感叹和悔恨，倒不如一开始就知道什么最重要，在该珍惜的时候珍惜，好过日后后悔。

　　命里有时终须有，命里无时莫强求。自然的法则残酷却真实，你愿意接受它，它不会亏待你，你总是违逆它，其实是在为难自己。人如果能够顺其自然地生活，就不会在意那些终将成为过眼烟云的东西；若是想得开，看得透，就会知道与人争斗只会白白惹来烦恼。豁达的人不会为虚名所累，他们总能在纷扰的世事中享受属于自己的那一份感悟，自得其乐。

得而不喜，失而不忧

有一天，楚王外出打猎，在打猎回来的路上他不慎丢失了自己的弓。这柄弓十分珍贵，有大臣马上派人去找。楚王听了却说："不必去找，我们回官吧。"

"可是，那是一张珍贵的弓。"大臣提醒。

"那又怎么样？弓丢了，总会有人捡到，无论捡到的人是谁，不都是我们楚国人？这张弓仍然是楚国的财富，何必再浪费气力去寻找？"

孔子听到这件事后说："楚王的心还是不够大，为什么讲到丢掉的弓会被人拾到，还要计较是不是楚国人呢？"

失去了弓不去找回，认为捡到的人都是楚人，弓仍旧是楚国的财产。故事中的楚王可算是一位豁达之人。而孔子的理论则更进一步，他认为楚王还是太小家子气，明明已经决定不再找那张弓，却还是在乎捡到的人是不是楚国人。比起斤斤计较的人，楚王大度，但在真正豁达的人眼中，楚王仍然患得患失。

患得患失形容一个人对得失看得太重，不是担心得不到，就是担心失去手中的东西。患得患失的人没有一份稳定的心理，他们的意念始终在得失之间不断摇摆，没有片刻安静。患得患失的人也很难真正开心，当他没拥有的时候，他整天被欲念缠扰，总是想得到；等他真正得到了，又开始担心到手的东西被人抢走，寸步不离地看管。不论失去还是得到，他们都没有安全感，所以他们的生活非常疲惫。

像孔子一样认为丢了东西是被人捡到，根本不需可惜的人，是圣人。圣人的境界我们很难达到，但我们可以做一个豁达的人。豁达的人并不是没有喜怒哀乐，得到的时候，他们也会得意；失去的时候，他们也会难过。不同的是，得不到的时候他们不会觉得生不如死，失去的时候他们也不会从此一蹶不振。他们不会让负面思维长久地陪伴自己，这就是看得开。

20世纪，美国的阿波罗号实现了人类第一次登月。当时，阿波罗号上有两位宇航员，一位是阿姆斯特朗，一位是奥德伦。阿姆斯特朗首先登上了月球，他那句"我的一小步，人类的一大步"成为世界名言，与他的名字一起载入史册。

曾有记者问奥德伦："如果您当时第一个走下阿波罗号，就会成为登上月球的第一人，您有没有觉得遗憾？"

奥德伦却很达观地说："有什么遗憾？要知道，从月球回来，是我第一个走下太空舱，我是从外星球回到地球的第一人！"

暖心小语

得之不喜，失之不悲，乃豁达。

阿姆斯特朗的名字早已与阿波罗号一起为我们所熟知，谁又记得同在一条飞船上的奥德伦？而奥德伦却早已看开了这件事：被人众口传诵是一种荣誉，参与了人类第一次登月也是一种荣誉，既然做到了这件事，何必在乎别人有没有记住？可见奥德伦是一个豁达的人。

豁达的人懂得开导自己，就像故事中的奥德伦以幽默回答记者，他们知道自己痛苦没有用，不如让自己达观一点，开心一点。得到与失去不能分离，当你得到的时候，愿望就已经达成，这不是很好吗？当你失去了什么，不妨告诉自己那已经不是自己的东西，你失去了，也在这失去中得到了怀念的感觉。

人生在世，要学会豁达，因为人生漫长，我们需要经历太多的得到与失去。如果凡事都患得患失，我们的一生也会在得与失中摇摆，忘记了生命的意义是向前走，或者走得太过崎岖，歪歪斜斜。做一个豁达的人，得到的时候告诉自己一切都会过去，就不会沉湎其中，迷失心智；失去的时候庆幸自己曾经得到，就不会忧伤度日，耽误今后的生活。

是白纸，更是无限可能

在英国的一所著名大学，一位哲学老师正在进行一个测验，他将一张张白纸放在每个学生的书桌上，问他们看到了什么。

有些人说："老师，我看到的是一张白纸。"

有些人说："老师，白纸上什么也没有，我什么也看不到。"

极少数人说："老师，我看不到尽头。"哲学家说："我欣赏你们，你们的思维没有边界，目光不只盯着一张纸，还能超越事物本身，想到别的可能。你们的眼界更高、心胸更宽，这样的人，更容易成功。"

一张白纸，有人看到的是白纸本身，有人看到的是空白，有人看到了无限种可能。第一种人活得现实，一是一，二是二，他们循规蹈矩，做着应该做的事，不会有任何出格的举动，他们的生命安稳，却也平淡；第二种人活得无力，他们认为既然一切都会过去，努力没有必要，活一天算一天，他们的生命轻松，却也空虚；第三种人活得有热情，他们认为生命只有一次，必须做点什么证明自己的价值，他们相信未来，也相信自己的能力。

相信梦想也是一种豁达，当一个人不为自己的出身自暴自弃，不为此时的弱小怨天尤人，不因一时、一事而对自己失去信心，武断地下定论，我们不得不佩服他的心胸，也由衷相信只有这样的人才可以成就大事——他能够

162

接受自己，不论是优点还是缺点，都能够突破自己。

想做出一番事业，首先要有做事业的胸襟，要相信一个人的成就必然与他的心胸成正比。举个简单的例子，做事业需要有伙伴，这些共事者身上可能有你难以忍受的品德或者习惯，甚至有人会冒犯你，经常跟你唱反调。你能不能包容不合自己心意的那部分？只有吸取更多人的力量和智慧，才能有海纳百川的恢宏气势，所以荀子说："不积小流，无以成江海。"

王硕与庄吉是商场上一对老冤家，他们都做器材生意，经常产生矛盾。王硕为了挖对手墙脚，常常对合作者造谣说："庄吉的工厂存在很大问题，产品常常有质量隐患。"庄吉听到这件事非常恼火，但他的军师经常劝他要戒急用忍，不可争一时之气。

有一次，有人找庄吉谈一笔大生意，没想到对方要的产品型号刚好不是自己工厂生产的那种，反倒是王硕那里的专长。庄吉想起军师常常劝告自己的话，就直接将王硕的手机号告诉了那位顾客，没多久，王硕就签下了这一笔巨额订单。

从那以后，王硕再也没有说过庄吉的不是，反倒主动把一些客户介绍给庄吉。双方发挥各自的优势，通力合作，很快打垮了其他对手，占据了国内市场。庄吉很庆幸自己当年的大度，否则，他还在与王硕争夺小市场，根本不会有今天的成就。

俗话说："宰相肚里能撑船。"想做大事就要懂得包容和妥协。故事里的庄吉主动与和他对着干的王硕和解，换来了一位强有力的同盟者。如果总是计较过去的那点仇恨，两个商人不断作对，两败俱伤，又怎么会有后来的大成就？

想做一番事业，就要学会权衡，今天你可能吃了亏，但吃亏是为了将来打算，比起未来的收益，一时的小亏算得了什么？何况为了一时的得失计较，眼光就只能盯住这一时，如何看得更长远？做事要看全局，千万不要因鼠目寸光耽误自己的前程。

人生不易，所以要有容人的雅量，有时被人得罪，不要往心里去，只当过耳一句闲言，何必反复琢磨？人的心说小不小说大不大，整天放着琐事，还有什么空间装大事？对待他人的缺点，要能担待、肯担待，不要过分苛责，和人的相处才能和睦长久。对待他人的错误，要用谦和的态度指正，不要揪着说个没完，如此才能让人真正心服。要把精力放在那些真正重要的事上，有豁达的心胸，就能做到万物不介于怀。

幸福不是拥有的多，而是计较的少

工作或者学习中，我们时常可以看到有些人就像骏马，一日千里；而有些人虽然也很努力，但却如驽马，即使尽力，也不及速度快之人的十之一二。于是，时日渐长，速度慢的人开始放弃了，觉得自己怎么努力都没有希望，为此灰心丧气，郁郁寡欢。

其实，骏马和驽马都有自己的活法，太过在乎自己与他人的差距，就是自己给自己找烦恼。有的时候糊涂一点不是坏事，笨一点又何妨？同样在努力，同样在做事，要注意的是自己做到的，而不是他人做到的，眼睛里只有他人，哪里还能幸福？

计较越多就会失去越多，因为人们计较的常常是一些小事，计较生活中的小事，会落个心胸狭窄、气量不够的名声；计较事业上的小事，就会一叶障目，不见泰山，耽误了正事；计较感情上的小事，就会以偏概全对人产生偏见，影响两个人的关系。比较下来，就会发现得到的不过是一肚子怨气，失去的却是名声、机会、感情，小事耽误大事，

计较不如比较。与其哀叹自己无能或者忌妒其他修行者的好命都于事无补，不如自己专心努力，不是说"驽马十驾，功在不舍"？用更多的时间达到别人用很少时间达到的事，其实并不丢脸。天资有差距，过程自然会有不同，但结果是一样的，自己得到的成就也是一样的。想要计较的时候不如先比较，

看看那些自己没有的东西，努力得到，自然就不会再计较。不计较是豁达，缩短差距是积极，一个豁达而积极的人，什么事做不成？

　　经济危机到来的时候，史密斯先生焦头烂额，他的工厂出现资金问题，不想倒闭，只能尽快裁员。史密斯先生大笔一挥，半数员工被解雇。

　　史密斯先生是个暴躁的人，平日对员工动辄训斥，被裁的员工无不对他咬牙切齿，甚至有人和他当面争吵。只有一个人没有对他横眉冷对，这个人就是清洁工人杰克。

　　当众人都已离开工厂，杰克独自一人擦着机器上的机油，史密斯先生看到这一幕，奇怪地问："你已经被解雇了，为什么还要留在这里干活？"

　　"解聘书明天才生效，今天我仍是这里的员工，必须完成今天的工作。"杰克说。

　　"我平日经常对你发脾气，你难道不生气吗？"史密斯先生问。

　　"先生，你是我的老板，给了我工作，我必须尊敬你。"杰克回答。

　　半年后，史密斯先生的工厂情况好转，杰克收到工厂的聘书，邀请他回去工作。而半年前和他一样被辞退的员工，则没有得到这个机会，依然为找工作而烦恼。

暖心小语

你计较得越少，收获就越多。

　　人与人的相处常常存在着计较。今天你得罪了我，明天我记恨了你，烦烦琐琐，就像念珠一样没有尽头。与其这样煎熬，不如豁达一点，就像故事中的杰克，记得老板的好处，便不会在老板有难的时候落井下石，当然也就能得到老板的尊敬与扶助。

现实生活中，利害冲突不断，我们置身其中，有时深受其害。这个时候只能告诉自己不要计较太多，不要让自己徒增烦恼。唯有如此才能做到游刃有余，不被人事所累。不计较，既代表了一个人的智慧，又代表了一个人的心胸。

对事不对人是一种智慧。豁达的人并非任由他人打压，他们能与人保持友好的关系，就是知道对事不对人的重要。在一件事上，每个人都有不得已，该争的时候就争，不能让的时候寸步不退；但这件事过去以后，相争的人仍然可以做朋友，欣赏彼此的为人与品性，在其他方面合作无间。不必为区区一件事在意，你计较得越少，收获就越多。

阴影过后，就是阳光

马老师是个天性乐观的老太太，好像天塌下来她都能没事人一样唱着歌。她的这种个性很让学生们喜欢，为升学烦恼的学生们经常问她："难道您不会担心吗？难道您没有烦恼吗？"

"十年前，我的烦恼比你们还多。"马老师笑呵呵地说，"那时候我整天都发愁，担心工资不够，担心学生惹事，担心先生工作不顺利，担心孩子生病……而且那时候我的脾气很爆，经常大发雷霆，身边的人只能小心翼翼地对待我，对我敬而远之。"

"可是您现在脾气很好啊！"学生们说。

"是的，因为我先生的妹妹是个心理医生，她经常给我打电话开导我。比如我为了升职烦恼时，她就会说：'就算不升职又有什么关系？何况，你的工龄够，能力够，怎么会轮不到你？'就这样，每次我担心什么，她都让我知道我的担心是没必要的，让我顺其自然。渐渐地，我发现我担心的事很少真的发生，是我太过紧张，搞得自己神经兮兮。后来我试着控制自己的情绪，凡事都往好的地方想，于是我就变成了现在这个样子！"

一个人的性格与他的生活状态有密切关系。整天乐呵呵的人，凡事想得开，不会自寻烦恼；与人相处能够为人着想，被他人喜欢；他身边总是有欢乐的气氛，让人愿意接近。相反，那些整天忧心忡忡的人，凡事都钻牛角尖，劳神费心；与人相处总是给人带来压力，旁人能避则避；他总是带着一种忧伤的气场，让人不愿接近。就算两个人有完全一样的生活环境，后者依然不快乐。

对人对事应该豁达，凡事都往好的地方想，有担心就无法放心，无法放心就不能开心。有的人活着总给自己找乐子，有些人却反其道而行之，常给自己找闷子。要知道世界上的事大多不能合自己的心意，世界上的人也不会按照你的喜好做事，自然也就会与你有摩擦，让你忐忑。不过要相信人心都有光明的一面，每个人都想追求一个和谐的人际关系，你如果处处设防，事事小心，有时会把好事想成坏事、美食当作鸡肋。

暖心小语

该过去的都会过去，想留都留不住，不如享受当前，珍惜时光。

有个天性诙谐的百万富翁，经常做出一些让人捧腹的事。有一次，他在街边遇到一个乞丐，和这个乞丐聊起天来，他问乞丐："你每天睡在公园的长凳上，会做什么样的梦？"

乞丐说："我啊，经常梦见我住在帝国酒店的总统套间里，真是美！"

"那么，我今天就请你去住帝国酒店的总统套间，费用我来出！"富翁对乞丐说。

乞丐没想到会遇到这种好事，高高兴兴地进了帝国酒店。第二天，富翁问乞丐："老兄，总统套间的滋味怎么样？"乞丐皱着眉说："很豪华，很舒服，但我再也不想住了。"

"咦，这是为什么？"富翁惊讶地问。

"住在长凳上的时候，我梦到总统套间；住在总统套间的时候，我就会梦到我在长凳上睡觉，这真是太凄惨了！"乞丐回答。

一个乞丐难得有个机会住进总统套间，却做了整晚的噩梦，可见担忧太多的人，连幸福的机会都把握不好。人们总是担心自己拥有的东西不能长久，但担心有什么用？该过去的都会过去，想留都留不住，不如享受当前，珍惜时光。

过重的担心并不是好事，忧郁会影响寿命，也会影响人的健康。在一项针对老年人寿命的调查中，那些长寿的老人大多性格开朗，喜爱热闹，而那些忧郁的老人却常常郁郁而终。生命只有一次，为什么要陷入忧郁，让自己的幸福感大打折扣？

幸福的时候不要主动走进阴影，就算有了不如意，也要看看事物的另一面，让自己心里有更多阳光。不要总是担心这个担心那个，不是担心自己有损失，就是担心他人会伤害自己。你以什么样的眼光看待世界，世界就会变成什么样子：心理阴暗的人，看到每个人都心怀恶意；心态豁达的人，看到的便是海阔天空。

捡拾心上的落叶

　　一个女人心里充满烦恼，她去向智者请教："如何才能不去想我的过去，我整日沉浸在回忆里，无法正常生活。"

　　智者请女人一起去庭院捡树叶，女人见风刮个不停，就对智者说："不要捡了，反正有人会来打扫。"智者说："我捡起一片，地上就干净一分。"女人说："你捡起一片，风就吹下一片，哪里捡得干净？"

　　智者说："地上的落叶也许捡不干净，但是我们心上的落叶，却是捡一片，少一片，我们不能停止捡拾心上的落叶。你收起一寸心事，烦恼就少一点，总有一天，烦恼会无影无踪。"

　　智者捡起落叶，是在打扫心中的烦恼。那些不能忘怀的过去，就如同心间的落叶，你不清扫，它就在原地落着，用枯黄的颜色和苍老的形态提醒你它的存在；你若真能将它收起来，很快也就想不起它的确切样子，最多记得有这么一回事，但它已经不能再烦扰你。心间的"过去"去一点少一点，唯有扫净烦恼，人的心胸才能呼吸。

人们难免怀念过去，不论悲哀欢喜，都是我们曾经经历过的人生，也是不可替代的珍贵回忆。如果现实生活不如意，人们就会倾向于美化过去，在他们心中，过去的天比现在蓝，过去的人比现在单纯，过去的感情比现在纯真，过去的一切都有明亮的色彩，而现实却是黯淡的、苦闷的。沉浸在这种怀旧情绪中，人的精神也跟着低落。

还有一些人，总是对过去受的伤害念念不忘，也许是受伤太深的缘故，他们总是反复诉说、悔恨，恨不得时间倒转重来一次，再做一次选择。他们认为自己是受害者，长久地抓着过去不放，希望给自己一个交代。事实上，过去的终究是过去了，你缠着它，耽误的是你自己，为难的也是你自己。

高中时，林奇与三个同班同学是好兄弟。毕业时，林奇考上上海的一所重点大学，几个朋友也各有出路，他们相约大学时一定要好好努力，今后做出一番事业。

大学时，林奇一直记得当初的约定，刻苦学习。他发现大学时人与人之间的关系不像高中时那么简单，他和舍友、同学相处得不是很好，所以很怀念高中时与三个兄弟同进同退、推心置腹的那种友谊。毕业后，他本来可以在一家很好的企业工作，因为怀念高中时的朋友，他决定回家乡，和几个朋友相聚。

没想到时间改变了许多事，朋友们外貌并没有太大变化，但各自有了各自的事业、家庭，见了面也没有多少共同语言。林奇十分痛苦，他觉得朋友们忘记了当初的约定。朋友们却对他说："并不是我们忘了，而是各人有各

暖心小语

生命里的所有时光都像是书页间的插图，再怎样赞叹惋惜也还是要翻过去。

人的生活，每个人都要面对现实，过去的话，就当作美好的回忆，我们只能为现在活着。"

消沉了一段时间，林奇终于决定回上海发展，他认为自己也该潇洒一点，活在当下。

过去的情谊的确是美好的，曾经的誓言想起来就会激荡人心，故事中的林奇想要找回曾经在一起的奋斗伙伴，没想到世易时移，每个人都有了自己的生活。过去的一切并非是假的，只是努力生活的人都知道，最重要的不是过去说了什么，而是现在要做什么。

豁达的人能够正视过去，从过去的美好中，他们知道生活的重要、情谊的重要，过去让他们相信人性，相信真情，这就是回忆的正面力量；同样地，从过去的伤痛中，他们愿意检讨自己，吸取经验，让这伤痛也变成一份财富。不论美好与不美好，他们清楚地知道自己手中应该拿着什么，心中应该放下什么。

我们不必忘记过去，但不能留在过去。时光匆匆，未来还有漫长的路要走，留在过去，就是限制了自己的人生。一切必须向前看，人始终要向前走。我们不必对过去的梦想执拗，也不用因回忆过分伤怀。过去既然已经过去，就把一切当成一份珍贵的回忆，豁达地面对那些悲伤欢喜，然后洒脱地走出来，迎接更好的明天。

有一种坚持，叫作放弃

一对夫妻结婚后日日吵架，吵得四邻不宁，还经常惊动双方家长。妻子对闺密们抱怨："我真不明白，结婚前我们两个有说不完的话，一天不见就像少了什么，为什么结婚后看对方就这样不顺眼，恨不得对方不出现在自己眼前。"

常言道："劝和不劝分。"闺密们都劝她想开一点，体贴一点，只有一个朋友对她说："你们的个性本来就不合，恋爱的时候还能相互忍耐，一旦朝夕相对，缺点再也掩盖不住了，也难怪对方受不了了。有些人不适合走入婚姻，建议你们赶快离了吧。"朋友们大惊失色，没想到她会说出这种话，纷纷责怪她。

可是，就像这位朋友说的，这对夫妻性格不合，根本无法一起生活。半年后，他们的感情彻底破裂，还是选择了离婚。离婚后的女人对朋友说："其实我也早就知道不合适，总是想着再试试，再忍忍。早知如此，我半年前就该听你的话才对。不够果断，害的是自己。"

常言道："宁拆十座庙，不毁一桩亲。"故事中的朋友眼见女主人公不适合再维持这段婚姻，索性做个"恶人"，提醒她赶快放弃。人只有学会放弃那些不适合自己的东西，才有可能真正学会判断，知道什么适合自己，什么对自己最好。如果优柔寡断总是放不下，就只能和不如意的现状纠缠不清，没个清净。

世界上很多坚持其实不值得坚持。就如故事中天天吵架的夫妻，恩情不再，存在的只是对彼此无休止的抱怨，也许过不久抱怨就会变成仇恨。这种坚持换来的不会是守得云开见月明，而是两败俱伤。这个时候，自己的坚持只是让不愉快的经历延长。与其如此，不如当断则断。

有时候面对烦恼，我们会告诫自己："将就一下。"但"将就"有什么意义？"将就"只是使本来就不可调和的矛盾再多酝酿一阵子，很多时候"将就"就是和稀泥，把原本的烦恼搅在一起保持暂时的和平，而并没有改变它的性质，总有一天矛盾还是会爆发，造成的伤害可能更大，不如在该放弃的时候早点放弃。

安易的一位朋友失恋了，安易等到周末就赶快去了朋友家，他想要安慰这位朋友。没想到朋友竟然没有消沉的状态。安易说："真没想到，你恢复得这么快。"

"哪里哪里，我也是伤筋动骨，不过我虽然伤心，却能想开。"

"想开？你怎么想开的？"

"我想起以前我的姐姐来我家，看到我养的兰花很羡慕，我想送她两盆，你知道她说什么吗？她说她很喜欢花，但是她不是养花的人，不懂得养花技巧，也不知道花的习性，如果把兰花放到她家，就会糟蹋了兰花。我想这恋爱就像养花，养不好这一朵，就不要霸占着人家，有时候，放开反倒是最好的结局。"

好梦由来容易醒，失去爱情是人生最伤心的事之一，失恋的人容易消沉，容易借酒浇愁，也容易从此自称"看破红尘"，再也不相信爱情。这样的人看上去已经放开了一段爱情，其实还在为这段关系纠缠，并让一个不愉快的结果长久地影响自己的心境与人生态度。而故事中的这位朋友就很豁达，知道缘来躲不了，缘去莫强求，自己不合适，不如让对方找更好的，潜台词是对方不合适自己，自己也会找到更好的。

我们总是强调"坚持"的重要性，似乎"坚持"等同于"精诚所至，金石为开"，但在现实生活中，"精诚"是有的，却不一定换来"金石为开"，倒有可能因为错误的坚持耽误远大的前程。要知道对一个选择的坚持，既可能让你走得最远，也可能让你无路可走。

坚持应该合乎实际，如果在错误的方向、用错误的方式一意孤行，就是固执。还有很多人明明知道这一点，就是不愿意放开自己的"错误"。他们已经为此付出了各种各样的努力，中途放弃不仅是否定自己，也可惜那些花费掉的时间和精力。这个时候我们就需要有一个豁达的眼光，因为此时的放弃是在避免更多的错误与失败。有时候，放弃也是一种坚持，那是对生命的负责，对前程与更好未来的坚持。

柳暗处转身，邂逅花明

有个年轻人从重点大学毕业，到一家大公司工作。年轻人满怀雄心壮志，却发现自己每天只能做一些打印文件、泡咖啡、扫办公室之类的杂事。几个月后，他的忍耐到了极点，他给自己的系主任打了个电话，说想回学校执教。

系主任接到电话后说："你毕业刚刚几个月就想回学校，太早了吧？"年轻人说："我根本就不该离开学校。继续做现在的工作，我一定会发霉！"

系主任说："那么你觉得我的工作如何？当年我大学毕业，是一个普通的学生指导员，每天干的事比你还无聊，一干就是三年。"年轻人惊讶道："三年？你真有耐心！"

"三年后，系里有个老师退休，有人推荐我去教课，教的竟然是我不熟悉的秘书学。"系主任说，"不过我想，比起指导员，当讲师是个进步，于是就开始教秘书学，一教又是三年。因为我很努力，讲课好，被提拔为系主任。依我看，你不要急着回学校，继续在那个公司工作，老板让干什么就干什么，总有一天会等到机会！"

听了系主任的话，年轻人收起好高骛远的心思，每天认真完成老板交代的任务。三年后，他已经是那个公司的销售经理。

一个人想要成功，抱负固然很重要，能力是最基本的条件，机遇也是一个关键点。不过仅仅有这些还是不够，想要成功的人还要有一种豁达的心态，

176

这就是随遇而安、顺其自然。故事中的系主任刚刚工作的时候，就悟出了这个道理，他相信机会总有一天会来到，人不会永远坐在一个位置。就是这份心态，让他在三年后一路升级。

有时候我们会感叹自己能力不足，现实的环境总不能让我们满意，却又不能加以更改，这个时候应该做什么呢？抱怨是最没有出息的做法，也最无济于事；没有目的、没有计划的行动只会让自己的人生更加混乱，因为凡事都需要功夫，你中途改变，就是浪费了曾经的努力；更忌讳放弃，你又不能确定前方没有希望，怎么能说放弃就放弃？

所有事情都需要酝酿，机遇也是如此，不必在意眼前的困境，要想想谁都会遭遇困境，谁都不会一帆风顺；更不能轻举妄动，当时机还不成熟的时候就行动，只会得到失败的结果。要相信机遇对每个人都是公平的，属于你的那一份只是还没有到来，你要做的应该是做好准备，以便它到来的时候紧紧抓住。在那之前，不妨先享受一下清闲，这不也是一种生命体验？

有个叫杰克的小伙子喜欢旅行。有一年，他一个人去美国纽约，下飞机后，刚刚订好旅馆，就被小偷"光顾"，钱包不翼而飞，身上只剩一点零钱。在美国，旅客遇到这种情况，一般都会立刻去警察局，然后在旅馆等待消息。杰克哀叹自己倒霉，不甘心美国之旅成为泡影，决心靠手边这点零钱来一次别开生面的纽约之旅。

第二天，杰克去参观自由女神像等有名的建筑，还认识了不少来旅行的年轻人。他们听说杰克的遭遇，邀请杰克与他们一起开车穿越西部，杰克兴高采烈地答应了。

　　整整一个暑假，杰克和新认识的朋友们畅游美国，他们住最便宜的旅馆，偶尔替人打工赚旅费。一个月后，杰克回到纽约，乘机回国。朋友们听说杰克丢了钱包，都说："你是怎么在美国过了一个月？一定非常糟糕！"杰克说："恰恰相反，我过了一个非常愉快的假期！"

　　假想有一天，你一个人下了飞机，身在异国，护照丢失，身上只有几块零钱，你会如何？是急着找人求救，还是在警局里咒骂那个小偷？你能不能像故事中的杰克那样，既来之，则安之，目的是旅游，没了钱就来一次免费游，用仅剩的条件让自己开心？恐怕很多人都做不到这一点，就算勉强游览几个景区，也是愁眉苦脸。

　　豁达的人并不多，豁达有时甚至被人们称作"阿Q精神"，被认为是苦中作乐的心理安慰。我们所说的豁达是一种乐观的心理状态，豁达的人能够以最快的速度接受现状，却不会像阿Q那样只是接受，不能改变。豁达的人在判断过局势后，就会达观地放下原本的目的，顺着局势观察会有什么其他收获。

　　豁达也不是见风使舵，而是在不能改变局势的时候，一种放得下的心态。一个人的能力终究有限，勉强自己只会带来烦恼，不如随遇而安，只要耐得住性子，转机也许就在下一秒出现。陆游有一句诗写得很有诗情，他说："山重水复疑无路，柳暗花明又一村。"要相信生命中有很多惊喜，就在柳暗花明之后。

第9辑
任你繁华喧嚣，我自从容恬淡

一切种子都要接受阳光的筛选，一切成熟总要接受心灵的检阅，一切欢愉总会在生命中流淌，享受淡定，享受从容，享受心灵中恰到好处的温暖。

悠闲自在处，看细水长流

古时候，有个男人心胸狭窄，经常和邻居发生口角，今天嫌东家的篱笆占了自己家的土地，明天骂西家的鸡吃了自己院子里的小米。有一天，他又和一位邻居发生争执，双方吵不出个所以然，男人决定去找附近的一位智者评理。

智者听完了这个男人的话，对他说："我今天刚好有事，不如你明天再来吧。"

第二天，男人又去找智者，智者不在，弟子说："师父出去了，让我告诉你明天再来。"

连续几天都是如此。直到第五天，男人终于见到了智者。智者说："你有什么事要对我说？说吧。"男人想要数落邻居的不是，突然觉得那么小的事情，过了好几天还要说个没完，显得自己太没气量，于是说："没什么事，就是来问候您一下。"

智者说："这就对了，仔细想想，世间能有什么大事？平和一点，没什么事值得你生气。"

心胸狭窄的人看世界也是窄的，处处都有气，事事都急躁。而为他评理的智者却不紧不慢，自然不会将区区口角放在眼里，他知道忍上几天，怒气就会烟消云散。在得道者看来，世间本无事，庸人自扰之，与其急躁，不如从容待之。

拥有一颗平和的心，才能脾性不急躁，有了怨气能够自行疏解，不与人因琐事起纷争。就像广袤的土地，不论敲击还是播种，都能一视同仁，保持自己的坚实和深厚。仔细想想，世间又有多少事真的值得自己生气？保持心平气和才能集中精力做好自己的事。

平和的心有定性，故行事不急进，凡事都能深思熟虑，不会因一时冲动耽误了计划，带来不可挽回的损失。就像潺潺流动的河流，总能到达入海口，又何必激流澎湃？细水长流既能达成目标，又有悠闲自在的情致。

暖心小语

细水长流既能达成目标，又有悠闲自在的情致。

一个老锁匠一生制锁、修锁、开锁无数，年纪大了，他想找个弟子继承他的店铺，继续打他的招牌。在几个手艺高超的弟子中，老锁匠不知该选哪一个。

老锁匠想到了一个方法，他将三个柜子

都上了三重锁，对三个手艺最好的弟子说："我想要从你们之中选一个当我的继承人，你们谁能以最快的速度开完锁，让我满意，我就将我的店铺传给他。"

三个弟子很兴奋，飞快地打开三重门锁，速度几乎一样。对这个结果，老锁匠不意外，他问了另一个问题："说说看，你们在柜子里看到了什么？"

"我看到了一块金子。"一个弟子说。

"我看到一块宝石。"另一个弟子说。

第三个弟子瞠目结舌，呆呆地说："我只想着开锁，没有注意里边有什么东西。"

"你就是我的继承人！"老锁匠宣布。他又对其他弟子解释："不论做什么都要讲修为，作画的人心中只有画，开锁的人心中只能有开锁这件事，其余的东西都能视而不见。一旦看不见，就不会产生非分之想，这就是我选他做继承人的原因。"

想要心态平和，就要抗拒诱惑，不要产生非分的念头。老锁匠选择继承人不仅看手艺，更要看徒弟们的心是否经得起考验，看到财物未必心生贪念，但不看不闻的人更显专心致志。当众人都在为外界眼花缭乱、心智不坚，能够一心一意专注于心灵的人，最是难得。

非礼勿视，就能杜绝非分之想。就像故事中的小徒弟，知道诱惑要不得，索性不去看，只做自己该做的事，这也是一种"得道"。只要守住自己的本分，世间就没有那么多求之不得，也没有那么多铤而走险。遵循自己的人生，自然会得到自己的幸福，不属于自己的就算得到，也背上了不安或内疚，终究不踏实。

人是感情动物，平和的心需要自我约束，才能真正做到波澜不惊。所谓的平和并非没有感情，而是让感情更加平和。强烈的仍然强烈，只是它有了一个限制，不会因诱惑失去定力，不会因急躁失去判断力，也不会因哀伤失去目标。当感情有了平和的心做底子，它不会失去本应有的色彩，只会更加长久，更加专注。

努力，遇见更好的自己

有些人总是哀叹自己的命运，他们认为自己不会有更好的机会、更大的出息。他们有各种各样的理由说服自己"认命"，有人说自己天资不好，有人说自己容貌欠佳，有人说自己年纪大了，还有人说自己有太多失败的经验，注定不会成功。但这其实都是不思进取的借口，天资不好，勤能补拙；容貌欠佳，气质可以培养；年纪受限，学习永远不晚；失败的经验，更是成功的入场券。"天命"应该由我们自己把握，自我价值只有自己能确定。

欧阳在一家大医院做护士，她的工作是特别护士，专门照顾那些得了绝症、即将去世的病人。欧阳照料的病人大多是高龄老人，有些人行动不便，有些人无法自理，只能瘫在病床上。在这种情况下，病人们精神萎靡，仪容不整是常有的事。

桑先生和其他的病人不同，他是胃癌晚期，长期的化疗让他面容消瘦，行动迟缓，有时候走路也需要人搀扶。但是，他很注意自己的外貌，每一天，他都费力地将自己清洗干净，又将头发梳理得整整齐齐，他的病号服看上去总是比别人干净。欧阳很尊敬这位老人，因为，尽管桑先生时日不多，他仍然要保持自己的尊严和修养，这样的人很难不让人印象深刻。

得绝症的人最知道"天命"，因为死亡近在咫尺，各个器官出现病变，行动受到影响，有些人只能整日卧床，这个时候再也说不上自我价值。但故事中的桑先生却坚持着自我，健康远离了他，事业远离了他，即使"天命"如此，也要维护自己的尊严，争取自己的价值。

我们常常听到有人不屈不挠与绝症抗争，在死亡阴影下的人尚且如此，健康的人又怎么能随随便便"认命"，放弃争取机会，放弃实现自我？每个人的生命长短虽然不同，但却都有足够的时间实现自己的价值。只要努力，困难就可以克服。不要等到死亡即将来临的时候，才想起有很多事没有做，有很多梦想当初应该去尝试。

自我价值不能靠天意决定，只能靠自己的双手，还有自己的头脑。面对梦想，你可以不急躁，面对人世，也不必急迫，但在任何时候都不能放弃。努力地面对每一天，寻找自己生命意义的所在，你想是什么样子，就能做到什么样子，这才是真正的"人顺天命"。

不幸有时也是一种幸福

　　意大利有一座叫作庞贝的古城。1900 年前，它被突然爆发的火山淹没，埋到了地底，只有一部分人在浓烟和尘埃中逃了出去。这其中有一个双目失明的女孩。

　　这个女孩出生时就是个盲童，一直在黑暗中生活，她很坚强，平日靠卖花维生。火山喷发的时候，她靠着平日对城市道路的熟悉，迅速地带着很多邻居逃到了安全的地方。而很多双目完好的人，却在黑暗中找不到出城的路，葬身在火山灰中。没想到天生的残疾，造就了女孩出色的听觉和触觉，成了这个女孩逃脱灾难的依靠。有时候，不幸也是一种财富。

　　每个人生下来时都不同，有人身强体健，有人体弱多病，也有人天生就是残疾。如果这是一种"天意"，那些天生不幸的人完全有理由斥责"天意"不公，给一些人太多，给另一些人却太少。但是，在上面这个故事中，眼盲的女孩靠着常年在黑暗中行走的能力，躲过了一场巨大的天灾，那些健全的人却被埋在火山灰之下，不知这是否是一种"公平"？

　　也许幸与不幸并没有定数，所谓"天意"，也不过是自欺欺人的说法。人们常说有智慧的人知晓"天意"，其实他们知道的不过是现实，比起那些埋怨现实的人，他们愿意选择接受，从中发现积极的一面、光明的一面，并相信未来。当他们身处顺境中，也不会麻痹大意，而是更加小心防患于未然。就是这样一种心态，让他们看上去"知天命"。

接受现实才能超越现实，所谓不幸都是相对的。当你认为自己不幸的时候，世界上肯定有比你更加不幸的人，想到这些，你的心里会不会有一点平衡感？人的心理只能依靠自己调节，要告诉自己不幸有时也是一种财富，它能够带来一些更重要的东西。当你幸运时，你会忽略，只有在不幸中，才发现这些东西必不可少。

一个男孩从小患上了小儿麻痹症，走起路来一瘸一拐，经常被小朋友嘲笑。这个时候男孩的父母没有骗他，而是详细将这种病的病因，今后的后果告诉他，并且对他说："也许你一辈子都这样，但要记住，即使如此，你也不比任何人差，相反，今后你会比他们更优秀。"

在这样的教育下，小男孩从小就有不服输的品格，父母总是鼓励他，并告诉他，他有多优秀。渐渐地，小男孩比任何孩子都有自信，不论什么都要试一试，争取做到最好。他从小成绩就好，被很多人羡慕，更难得的是，他多才多艺，性格开朗，还很有同情心。尽管他走路仍然一瘸一拐，却得到了所有人的喜爱。长大后的小男孩说："我要感谢我的不幸，也要感谢我的父母，是他们让我成了一个渴望优秀的人。"

患了小儿麻痹症的男孩是不幸的，但他又是幸运的，他有一对懂得教育的父母，让他从不对自己自卑，时刻感受到家庭的温暖，努力提高自己，让自己更加优秀。正像小男孩所说，有时候需要感激我们遭遇的不幸，只有在不幸的时候，我们才能体会自身拥有的财富。

　　不幸能够孕育出坚强的心灵。有些人的不幸是天生的，有些人的不幸是在成长过程中无法避免的。不幸并非不可战胜，关键在于你自己的心，你超越了它，就能拥有来自失败的经验、来自痛苦的毅力、来自磨难的韧性。这些品格在一帆风顺的环境中很难得到，它们是不幸赠给你的礼物，让你能够更加坦然地应对生命中的风雨。

　　不幸能够让人懂得上进和珍惜。生活常常不圆满，也就是因为不圆满，我们有了积极向上的动力，也懂得手中财富的可贵，这种上进和珍惜相互作用，就能够最大限度地消除人生的不如意感。学着将不幸视为一种财富，要相信人生的遭遇并非偶然，只要你愿意接受考验，自然会得到奖励。当你将不幸消解在生命里，会发现幸福的明天早已在等待你。

向着阳光，处处都是晴朗

古井旁有两个水桶，它们经常交谈。这一天，一个水桶对另一个水桶说："你为什么如此不开心？是不是发生了什么不幸的事？"

那个闷闷不乐的水桶说："我们每天都在重复着不幸的事。你看，我们进入井里，好不容易把自己装满，却又要立刻被倒空，到最后还是空荡荡地被晾在这里。"

发问的水桶说："原来你在烦恼这件事，你为什么不换一个角度去想呢？我们每次都是空空地下去，然后装得满满地回来，这是多么有意义的一件事。用这个角度去想，难道你不觉得很快乐吗？为什么一定要让自己烦恼？"

水桶的一生比人要简单得多，不过是在井里上来下去，它们的烦恼也很简单，没有被使用的哀叹自己"怀才不遇"，被使用的伤心自己太过劳累；装满的害怕自己被倒空，倒空的感叹自己刚要休息又要干活……来来回回不过这么几件事。不过，人的烦恼说穿了，不也就是这么几件？万事万物的烦恼原本没有什么质的区别。

乐观的人总能乐观，因为他们把快乐当作一种习惯。法国有位喜剧演员说他每天都要对着镜子练习微笑，生活不就是一面镜子？你对着它哭，它就哭个没完；你要是愿意笑着对待它，它就算有时耍脾气，最后总会笑着对待你。一颗乐观的心在任何时候都能陪伴我们圆满地渡过困境。而且，乐观的人比悲观的人更有运气。

三条贪玩的鱼在涨潮时玩耍，它们玩得兴起，退潮时忘记回家，被搁浅在有一点浅水的沙滩上。月光下，三条鱼像是听见了死神的脚步声，它们开始商量如何回到大海里。

一条鱼说："等到下次涨潮，我们可以回去，但在那之前，渔人就会发现我们，我们就要变成食物。不如我们鼓足力气，一点一点跳回大海。"

另一条鱼说："我想我们没有那么好的体力，我看那边有块礁石，不如我们藏在石头缝里，躲过渔人，等到涨潮时就可以回家。"

第三条鱼说："算了，算了，我们这么倒霉，不可能回到大海里，只能在这里等死了！"

那两条鱼没有理它，一条拼命打滚，跳回大海；一条藏进石缝，等到第二天涨潮，回到了海里。第三条鱼直挺挺地躺在浅水里，第二天被早起的渔人一把抓住。

乐观的人总能乐观，悲观的人却总是看不开。乐观和悲观不仅仅是一种人生态度，还会决定很多事的走向。就像故事中的三条鱼，第三条鱼就是典型的悲观主义者，其他两条鱼都按照自己想到的办法，相信自己有机会活下去，只有第三条鱼干脆在原地等死。悲观的人放弃的不只是自己的快乐、阳光的心情，还有命运的主动权。

暖心小语

即便处在阴影中，也要相信阴影背后就是阳光。

凡事都有两面性，即使在阴影中，也要相信阴影后面就是阳光，这才是乐观者的眼光。一个人如果想要快乐，就要常常培养快乐的心境，只有这样的心境才能让人有积极的思维。如果你觉得人生就是不快乐的，就更要努力改变，为什么不尝试将阴影变为光明，将忧伤变为幸福？命运始终掌握在你自己的手中。

　　我们应该知道所谓"知晓天意"，并不是远离世事，而是知晓了事物的起因和结果，用更积极的态度去面对人生。如果一味悲观消沉，就只能终身与忧伤为伴，让本该精彩的人生失去光彩。相反，要相信凡事都有光明的一面，你愿意寻找，你就是在向光明行走。选择一份积极的心态，就是选择了一份幸福的人生。

生活是面镜子，你和气，生活就和气

　　古时候有个地主，脾气急躁，为人苛刻。有一天他吃坏了肚子，半夜在床上疼得直打滚，他大叫侍女："小杏！快点拿蜡烛！快点蜡烛！"

　　侍女小杏慌手慌脚地在黑暗里找蜡烛，没想到被桌子绊了一下，跌在地上，还打翻了桌子上的东西。地主骂道："猪狗不如的东西！我每个月给你那么多工钱，你却什么也做不好！"小杏反驳说："您真不讲道理！这么黑乎乎一片，我也两眼一抹黑，什么也看不到，您倒是给我点个灯，让我快点给你找蜡烛啊！"

　　地主夫人听了对地主说："小杏说得没错，就是因为黑才要找蜡烛，如果都能看见，要蜡烛做什么？你还是扳一扳这副急脾气吧。"

古代君子讲究"严于律己，宽以待人"，但在真实的生活中，人们常常以宽容的心胸对待自己，以过高的标准要求他人。自己犯的错误都是可以原谅的，他人的过失简直不可饶恕。就像故事中的这个地主，对他人做出不切实际的要求，他人达不到便要大发雷霆，难怪脾气越来越躁，连夫人都看不下去，出言指正。

"己所不欲，勿施于人"，自己不喜欢做的事，不要推给他人；自己不喜欢的事物，也不要为难他人。要知道大家的心态是一样的，你将自己讨厌的事物给了别人，别人自然不悦，你们的相处也就成了一种纯功利关系，他人自然也就不会把你放在心上。

人与人的相处充满了矛盾，因为思维个性的不同，在很多事情上很难达成一致。想要相处，就要学习如何为他人着想，特别是在向他人提出要求的时候，要多多考虑他人的情况，具体问题具体分析，不要总是责怪他人不用心、不细心，你不是他人，怎么能对他人的行为下定论？何况他人如果是在帮助你，感激是你最应该做的，而不是指责和呵斥。如果能尊重他人的奉献，人与人的相处就会越发有滋有味。

人与人之间如何保持和气？一来自己不要太过急躁，动不动就使性子发脾气；二来要多多体谅别人的难处，明白每个人处境不同，都有自己的不得已；三来要多想想自己的错误，也许错误不在别人身上，是自己要求太高，或者考虑不周。

须知人与人的关系可以很稳固，也可以很脆弱，就看你用什么方法来维持。你愿意为他人着想，他人自不会亏待你，你喜欢由着性子，他人也不会永远迁就你。生活中少不了与人沟通，若沟通的基础是互敬互爱，你自然也会受益良多。

人与人之间的关系，靠的是彼此的体贴与关怀，特别是在有分歧的时候，更要互相谅解，不然就算是朋友也会变成仇敌。在与人交往的时候，常常检讨自己的过失，不要只抱怨别人，也不要轻易责怪别人，这样才能让别人感到愉快，更愿意与你多多接触。在与人相处时，不要太急躁，遇事多多体谅他人，才能保证自身心平气和，处世顺心如意。

为生活点盏灯，照亮别人，也照亮自己

一位隐者在山间居住，有个樵夫不喜欢他，经常找他的麻烦，每次见面都用言语侮辱他。隐者从来不与樵夫发生争吵。邻人为隐者抱不平，说："你总是忍着，他才越来越放肆！"

隐者说："如果有人送了你一件礼物，恰好那件礼物你不喜欢，说什么也不肯接受。你说，这件礼物最后属于谁？"邻人说："当然属于那个送礼物的人了。"

隐者说："所以，若我不接受他的谩骂，你说他在骂谁？这是他自己的损失，我倒觉得同情，这种脾气，让他在生活中添了多少烦恼？"

邻人会意。过了一段时间，山里的人果然都对无端谩骂他人的樵夫不满，而赞扬隐者不与人计较的豁达胸襟。而樵夫因此也渐渐开始检讨自己，不再谩骂。

古时候，有些高人隐居山林，不问世事，只求在山中修得心中清净。这样的隐士历来被视作得道高人，为人敬仰。就如故事中的这位隐士，明知樵夫辱骂自己，既不辩驳，也不抱怨，反而同情樵夫的境遇，这才是真正开阔的心胸。

慈悲是什么？慈悲就是能为他人着想，就算自己受到了不公正的待遇，依然能够站在他人的角度考虑问题，不以自己的遭遇迁怒他人。慈悲并不是一件简单的事，它需要很大的耐性，更需要广阔的包容性，有时候还要牺牲自己的利益，收敛自己的感情。但是，慈悲有积极的意义，因为你的慈悲，总会有他人受益，受益者会被你的善心感化，帮助更多的人。不知不觉，以你为中心，人们开始重视为他人考虑，你一个人，就能带来一个群体的和谐。

凡事以自我为中心的人不懂慈悲，他们只会计较自己受到了什么样的待遇，得到了什么样的好处，一旦有人对他们有所冒犯，必定勃然大怒，甚至睚眦必报。他们从不肯为他人做出牺牲，凡事都不顾念他人的心情，我行我素，不断伤害周围的人。这样的人很难让人从心底产生亲近之感，因为他们没有慈悲之心，他人自然也不会对他们产生深厚的感情。

暖心小语

站在他人角度想事情，受益的不仅仅是那个得到你帮助的人，还有你自己。

一个化学实验室的助理在下班后找到导师，抱怨刚刚进入实验组的学生笨手笨脚，什么都做不好。不管他怎么教，他们还是经常搞错最简单的公式。为此他建议："为了实验着想，我建议把他们踢出实验组，他们实在太笨了！"

导师耐心听他说完，对他说："两年前，你是研一的学生，进入这个实验室，你还记得当时的事吗？当时你也经常搞错实验步骤，给别人添麻烦。有人也建议我不要用研一的新生，太嫩，耽误事。要是当时我把你弄出去，现在谁当我的助手？"

听了导师的一番话，助理不禁脸红，他想到这几个学生都是以优秀的成绩考进这个学校，又被导师挑中才进实验组。谁没有不成熟的时候？谁不害怕做不好事情？看来，自己应该宽容一点，经常鼓励他们，他们才会越做越好。

没有人是天生的强者，即使是天才，也有蹒跚学步、笨手笨脚的阶段。人都是在不断地学习中才能进步，当人们学习的时候，很希望有一个能够鼓励自己的教导者。故事中的助理曾经遇到过这样的教导者，但他看到初学者时，却忘记了自己曾经受到的帮助。细心和耐心应该被传递，而不应该断绝，当你得到过别人的帮助时，就该想到有一天，你要把这帮助传递给需要的人，这才是人与人相处中最重要的东西：善意。

每个人都有自己的特长，也许你在各方面都比他人强很多，也许你在某一方面尤为出众，这个时候你要明白并非人人都是你，都能和你做得一样好。或者想想在某些方面，你还远远不如他人，你也需要他人的指导才能做好。这个时候，你还能够指责吗？考虑到初学者的忐忑，也许你会忍住自己的脾气，耐心地教导他们。

站在他人角度想事情，受益的不仅仅是那个得到你帮助的人，还有你自己。因为站在他人的角度，你看问题自然就多了一种视角，比从前更加全面。如果你能站在多人的角度考虑，就可以一窥事物全貌，巨细无遗。这个时候你也许就会懂得为什么那些得道之人有更多的智慧，因为他们拥有对这个世界的善意、对他人的慈心。

世上本无事，庸人自扰之

有个英国女孩嫁给一个英俊的男孩，她是个多疑又爱吃醋的姑娘，整天怀疑丈夫在外花心，每天晚上都要偷偷察看丈夫的衣物，翻看他的手机和电脑聊天记录。

这一天，她在丈夫衣服上发现一根金色的长发，气得问丈夫："说，这是谁的头发?! 你是不是有外遇？"丈夫无奈地说："也许是地铁上沾到的，我工作那么忙，哪有时间搞外遇。"

第二天，她又在丈夫袖口发现了一根乌黑的头发，她更加生气地问丈夫："原来你还有个外国情人！"丈夫急忙解释："我的公司没有亚洲人，你别总多心！"

第三天，妻子看到丈夫身上有根白头发，激动地说："我真没想到你竟然连老太太都要乱来！你气死我了！"丈夫也生气了，大声说："那是我妈妈的头发！"

又过了几天，妻子没有发作，但每天都是气呼呼的。丈夫问："这几天你没找到头发，怎么气性更大？"妻子说："你现在连秃子都不放过了，我怎么能不生气！"

丈夫不再说什么，决定跟妻子离婚。

因为疑心病闹到离婚，这是个笑话，却又以夸张的形式反映了很大一部分人的心态。如果疑心太重，看什么都可疑，就算没有可疑，自己也会在头脑中捏造出可疑的事，然后把事情越想越严重，被莫须有的事干扰，以致推出完全不符合实际的结论，让自己和他人为难。

有一个成语叫"智子疑邻"，说的是宋国有一个富人，天上下着大雨，他家的墙被毁坏了。富人的儿子说："要是不修筑，一定会有盗贼来偷东西。"邻居家的老人也这样说。晚上富人家果然丢失了很多钱财。结果，那个富人认为自己的儿子很聪明，却怀疑邻居家的老人偷了他家的东西。由此可见，一个人难免主观臆测，一旦起了疑心病就很难走出自己的心结。

还有一个成语叫"庸人自扰"，说的是那些总是自寻烦恼的人太过昏庸，自己困住了自己。有些人不但喜欢自找麻烦，还耐不住自己的性子，一想到什么烦恼就迫不及待地加重它们，让自己烦上加烦。他们不会求证，不会反思，只会在一种急躁的情绪中拼命钻牛角尖。他们忘了所谓"道"，就是抛弃困扰，更何况是那些不存在的困扰。

暖心小语

不管明天发生什么，都要过好今天。

徐丹是个普通的高中老师，家庭美满，生活幸福，但她天生喜欢操心，总担心哪一天自己或者丈夫失业，一家人没有生活来源。不担心金钱的时候，就开始担心一家三口的健康，怕哪个人突然生一场大病。不担心健康的时候，又担心谁在外面出点意外，万一过马路遇到车祸，走在高楼下被花盆砸中，或者发生地震火灾……徐丹整天担惊受怕，她的丈夫很无奈。

　　这一天，徐丹又在担心丈夫的工作，丈夫抱着五岁的女儿说："与其担心我的工作，不如担心女儿，我真担心她。"徐丹说："担心她什么？"丈夫一本正经地说："我担心她长大嫁不出去。"徐丹说："胡说，她还这么小，怎么就担心到出嫁呢！"丈夫说："你觉得我担心的事没道理，那么你担心的事就有道理吗？既然今天的事都烦不过来，你就别担心明天的事了，谁也不是诸葛亮，走一步算一步，才是普通人的活法。"

　　喜欢担心明天是典型的庸人自扰，明天究竟如何我们都不得而知，私心里我们都希望明天会更好，不过就是有一种人整天担心"明天会更糟"。在他们看来，生活中有太多的隐患会让他们倒霉，也许明天他们就会失业失恋、被偷被抢、被亲朋笑话……他们的担心五花八门，甚至为这些还没有发生的事睡不着觉。

　　明天的确可能发生他们担心的事，因为万事万物都不能遵循人意，意外的确有可能发生。同样地，明天也有可能发生他们希望的事，为什么不想一想积极的一面？至少不要总想着明天要倒霉，心平气和地度过每一天才是最要紧的事。退一步说，就是因为明天要发生什么，今天才更要过好。

　　万事万物都有一个扭转的过程，人的祸福不是我们能够预测和把握的，但整天拿明天吓唬自己，就辜负了美好的今天。不要为还没有到来的未来过分忧愁，要记得我们修身养性，不是为了担心明天，而是为了成全今天。

心灯既亮，自然无惧风雪

一位智者自幼失明，却在黑暗中取得了一番成就，得到了他人的尊敬。朝中的大臣经常邀请智者过去开导他们。

一次，智者与大臣聊天，不知不觉已经到了深夜，大臣拿起一盏灯笼递给智者说："天黑路陡，请您提着这盏灯笼吧。"

智者说："我早已习惯黑暗，不需要灯笼。"大臣说："我知道您不需要灯笼，提着这盏灯笼，是怕别人撞到您。"

智者说："我也不会让人撞到我，每个人心中都有一盏灯，心灯亮着，什么路都能走。"

失去光明的人最需要光明，也最知道光明的重要。他们的光明不在双眼中，而在心中。就像故事中失明的智者，他用智慧为自己点了一盏灯：他相信未来，即使不能视物，心中却明亮非常；他相信人性，不必担心有人冲撞他，他也不会去冲撞他人；他更相信自己的能力，因为他早已在黑暗中摸索出路径，永远不会迷失。

在我们的心中也有这样一盏灯，这就是我们对现实的承受，也就是一颗慈悲的心。只要这盏灯亮着，我们无论走什么样的道路，做出什么样的选择，都能保证自己不偏离本心，不会被旁骛迷惑，甚至还能引领他人，远离俗世的困扰。

如果一个人的心中没有这盏灯，没有对光明的向往，他就像一个没有方向感的人走在黑暗里，只能慌不择路，像无头苍蝇一样乱撞。他可能就此庸庸碌碌，一生得不到真正的智慧；也可能走上迷途，一败涂地；当然，也有可能在迷途中豁然开朗，发现光明的所在，从此浪子回头，将那盏灯握在手中，不再困惑。

街头上，一个琴师带着徒弟正在拉琴，他们每天靠卖艺得到一些赏钱，维持生活。徒弟年纪尚小，且双目失明，琴师已经老迈，即将不久人世。

这天，琴师对徒弟说："我就要死了，但我从一位高人那里寻到一秘方，可以让你的双目恢复光明。我将这秘方放在琴里，等你拉断 1000 根琴弦，将秘方取出，就可以看到世间一切。在那之前，千万不可妄动，切记切记。"说罢，闭目而逝。

小琴师含泪将师父埋葬。从此以后，他每天在街头拉琴，琴艺越来越高，欣赏他的人越来越多。当他盛年之时，已不再是街头流浪的艺人，而成了一位王爷府中的上宾。他依然铭记师父的话，刻苦练琴。终于有一天，他拉断了第 1000 根琴弦。

"恭喜夫君，此后可恢复双目！"他的妻

暖心小语

每个人心中都有一盏灯，心灯亮着，什么路都能走。

198

子早已知道这件事，此时喜笑颜开。琴师却摇了摇头，对妻子说："你拿出琴中的秘方，看看是不是一张白纸。"妻子连忙拿出琴中的纸张，果然，纸上没有一个字。

"以前，我一直相信师父的话，直到成年后，我才觉得师父也许只是要给我留下一个念想，让我不致绝望。今日一见，果然如此。"

"既然你早就知道，为何还要拉断 1000 根琴弦？"妻子问。

"因为光明早在我的心中，我辛苦练琴，是为了不辜负师父的美意。"琴师说。

一生辛苦，却有善心收养无家可归的孩子，临死之前还要为孩子留下光明的希望。故事中的这位老琴师就是得道之人，他为孩子点了一盏灯，从此漫漫长夜，孩子的心有了凭依，有了信念，即使尝尽心酸也不会绝望，最终做出了自己的一番事业。

永远不要把自己的不幸归于命运，要相信世界上有人关心着你。你更应该重视自己，所谓"天意"，就是要把握住生命的每一个转折、每一份经历，就是不要放弃每一个机会。心有不平，世人就都是不幸之人；心中喜乐，就是幸运之人。

有时候难免觉得自己正在阴霾之中行走，看不到明天也看不到希望，即使心中还未有放弃的念头，前路看去似只有坎坷与艰辛。这个时候不必想到认命，更不能自暴自弃，要相信福祸相生，走过低谷就会有高潮，何况，我们心中还有不能放弃的理想。

人生路上多风雨，一盏心灯能够温暖我们。真正的"道"，就是万事万物遵循自己规律的同时，始终向往着一份光明，所以草木枯萎后仍会繁茂，飞鸟休息后就要高飞，人在盲目急迫之后，懂得回归平静，便能以更从容的方式享受自己的生命。

第10辑
任你疾风骤雨，我自谦和如风

谦和是根，所有美德都由此滋生。谦和地对待每一个人、每一件事，如春风化雨，润物无声。悄无声息中世界已经因你而改变。

淤泥中，我自一番清净

古时候，先贤墨子曾给弟子们讲过生动一课，他将弟子们带进一家染坊，工匠们正在将织好的布放进不同颜色的染缸，浸泡不同时间后，取出晾晒，这样就成了五颜六色的花布。

墨子对弟子们说："你们看这些丝织品，本来是雪白的颜色，放到青色的染缸，就变为青布；放到黄色的染缸，就变成黄布。染缸里的颜色不同，布的颜色就不同，如果一块布进入不同的染缸，就会沾上其他颜色，所以，染布的时候要加倍小心，才能保证布的纯色。"

"一个人的品性就像一块洁白的布，想要染出什么颜色，要靠我们自己把握。"墨子说。

我们生活在一个古老又有底蕴的国度，先贤为我们留下了很多智慧，值得我们研读效法。就如故事中的墨子，从几个染缸几块布料就能看到人性的本质和变迁。每个人出生的时候都如一块洁白的布，在成长的过程中，受父母师长教诲，受他人熏陶，渐渐有了自己的颜色。小的时候，我们还没有形成自己的思想，很难把握布的颜色。当我们渐渐懂事，开始以更高的要求看待自己时，首先审视的是自己的品德。

人无德不立，品德是人格的底座，有什么样的品德，决定你成为一个什么样的人。同样是学者，有道德的人会为人类造福，而道德感欠缺的人却会为社会带来危害。就如同样搞医学研究，有些人研制药品，有些人却研制毒品。一个人万万不可轻视对道德的要求，因为人的欲念本来就多，不加以控制，很容易旁逸斜出，失去本心。

在智者看来，一颗心应是纤尘不染，不论世事如何变幻，心灵始终明净。这就更需要我们有极高的道德水平。在古代有一种提高自己道德的方法叫作"慎独"，就是说在无人看到的地方也要检讨自己的缺点，真正做到从里到外严格规范品行。这种方法历来被人称道，如果每个人都能做到"慎独"，谨慎地对待自己的一切行为，自然可以使心灵合乎道德，不被世俗污染，就如莲花那样虽在淤泥之中却一身清净。

暖心小语

欲念就像杂草，消除杂草的最好办法，就是培养自己的美德。

一群弟子询问智者如何消除杂念，智者反问："院子里有野草，怎样才能铲除？"

"应该用铲子铲掉。"一位弟子说。

"一把火就能将它们都烧掉。"另外一位弟

子说。

"斩草不除根，春风吹又生，应该连草带根一起都拔出来。"还有一位弟子说。

"明天我们把院子里的地分为四块，你们按照你们的方法除草，我按照我的方法除草，半年以后，我们看谁的方法更好。"智者说。

半年很快过去了，师徒聚在院子里，发现徒弟的三块地依然杂草丛生，只有智者那块地长满了金灿灿的稻谷，原来他并没有想办法除去杂草，而是种上了粮食。

"人的欲念就像杂草，不论什么方法都无法根除，所以，对抗欲念的最好办法，就是培养自己的美德。"智者道。

想除掉土地上的野草，最好的办法就是在上面种满庄稼；想除去心灵里的杂念，最好的方法就是培养自己的美德。如果每个人都能以"慎独"来要求自己，就能够做到对人对事表里如一，对事对物有原则又不失情谊；有杂念的时候，他们自己知道如何控制，更不会为了外界的诱惑变得躁进使性，忘了自己本来的身份。

人们常常感叹人性莫测，也感叹自己在变化，随着世事无常，变得越来越不认识自己。人为什么会改变本性？因为心躁。生活中有太多不如意让我们急于改变，所以躁；人际中有太多不满却无处发泄，所以躁；事业上有太多目标想要达成却不知要多少时间，所以躁；眼睛里看到太多诱惑想要一一尝试，所以躁……心躁，唯有道德能够加以约束和安慰。

一个重视美德、培养美德的人在任何时候都不躁，他们知道人性最重要的是平，是静，是经得起考验的坦荡，这才是他们的追求，所以世俗不能让他们浮躁。他们的脚步总是稳的，心态也是端正的，他们谦和处世，磨炼自己的品德耐力，就像古诗所说："洛阳亲友如相问，一片冰心在玉壶。"重视品德修养的人，晶莹剔透，如冰如玉。

见贤当思齐

孟子小时候和母亲一起生活，母亲希望儿子长大后成为一个有道德的人，所以很注重孟子成长的环境。一开始，他们住的房子在墓地附近，孟子经常学着别人痛哭流涕，母亲说："这不是能够教育孩子的地方。"于是，孟子的母亲决定搬家。

母子二人搬到集市旁，孟子看到那些商人平日买卖吆喝，也跟着学了起来。母亲说："这也不是能够教育孩子的地方。"于是又搬了一次家。

这一回，孟子的邻居是一位屠户，孟子年幼好奇，经常看屠户杀猪。孟子的母亲又一次带着孟子搬家。最后，他们住在学官附近，孟子经常看到文雅的官员们经过，也跟着学习那些进退礼仪。孟子的母亲说："只有处在这个地方，孩子才能学到好东西。"从此住了下来。

"孟母三迁"是很有名的历史故事。人的道德修养不是一朝一夕的事，有好的父母监督、好的老师教诲固然重要，但"耳濡目染"四个字也不可小觑。长久地与那些道德高尚的人在一起，看着他们做事，自己自然也会做那些符合道德的事；相反，和奸邪之徒在一起，则会变得恶毒而不自知。特别是那些没有判断力的小孩子，更要让他们与善人、君子为伴，才能保证他们本性的淳朴，这就是孟母为什么要三迁的原因。

一个重视道德的人，在独处的时候会反省自我，检讨自己的错误。圣人说："吾日三省吾身——为人谋而不忠乎？与朋友交而不信乎？传不习乎？"就是说一个重视道德修养的人每天都要观察自己对工作是否尽职，对朋友是否诚信，是否温习了学到的知识。现代社会节奏快，我们也许无法做到"吾且三省吾身"，但如果能常常以这些标准检讨自己，及时改正，就是难得的对心灵的呵护，也能够保证我们守住自己的道德底线。

独处时候有限，多数时间我们要与他人接触，这也是我们修身修心的大好机会。在别人身上，我们固然看到一些缺点与不足，但同样能看到他们的优点以及人格上的高尚，他们就是我们的活教材。看到别人的优点，立刻学习效仿，这就是古人说的"见贤思齐"。

一位老板正在机场等候班机，因为风雪的关系，班机一再延误，乘客们在候机大厅里喝着早已冰凉的咖啡，心情越来越烦躁。老板的火气也越来越大，训斥起随行的秘书。

突然听到"啪"一声，一位女士手中的咖啡纸杯掉在地上，这是一位穿着华贵、戴着墨镜的中年女士，从外形上看，很像某个女明星。人们不由盯着她那件崭新而鲜艳的衣服，还好，咖啡没有洒在上面。可那位女士却很尴尬，她向周围的人道歉，在手提包里翻着什么，好不容易才找到一张纸巾。只见她蹲下身，认真地擦拭着地板上的咖啡渍。

本来在高声呵斥秘书的老板，突然放低了声音，他突然意识到，一个有身份的人在任何时候都要注意自己的形象，这位女士就是自己的榜样。

"见贤思齐"是指人们看到那些德才兼备的人，就会打心底里希望自己和他们一样。特别是当自己有错误时，看到那些处世更好、行为更佳的人，就像照了一面镜子，立刻意识到自己的不足。就像故事中的老板看到那位端庄的女士，立刻收敛了自己的脾气。

照镜子是我们每天都要做的事，我们需要镜子来提醒自己是否仪容不整，是否有碍观瞻。在品德上，我们也需要常常照照镜子，这个镜子不能是我们自己，因为自己对自己的认识难免有偏差，只有与那些真正有美德的人做个对比，我们才会确切地知道自己的不足。而且这种方法也最立竿见影，不需要你长时间地思考，只要看到好的，立刻效仿，今后一直照着做，简单有效。品德上的修养永远不嫌多，见贤思齐在任何时候都不会出错。

想做到见贤思齐，就要有基本的道德判断力，判断出了错，见"不贤"也去效仿，那就成了悲剧。要善于判断一个人的人品高下，也要善于选择自己的朋友，亲贤者，远小人。和那些高尚的人接触，为人就会日渐厚重，心灵自然会变得越来越高尚。这个时候，你也就成为了一个思齐的人想要接近的贤者，你的一举一动，也成了他人的镜子，他人的榜样。

尊重是交往的基础

古时候，一个欧洲小国的国王出外打猎，一队人马越走越远。天黑了，他们赶不回王宫，决定找个旅馆过夜。可是在荒山野岭，哪里去找落脚的旅馆？这时，国王看到远处有一户简陋的农家，就对大臣们说："我们就在那间屋子过夜吧！"

负责礼仪的大臣说："陛下，如果有人知道尊贵的国王住在这么简陋的屋子里，会降低您的威望，请您三思。"国王说："一个国王去农户家居住并不会降低自己的尊严，只会提高那个农夫的威望。"说着带着大臣们去农家投宿。

农民和妻子听到国王要来住宿，都很紧张。没想到国王是个谦和的人，不但不挑剔粗陋的饮食和被褥，还很温和地对一家人问寒问暖。第二天走时，还送了很多礼物作为答谢。这件事传了出去，人们都赞叹国王是一位礼贤下士的君主。

正所谓人生来而平等，不论对方是国王还是农夫，本质上没有什么区别。一个国王倘若知道农夫的不易，他就会变得谦和并让人敬仰；一个农夫如果以不卑不亢的态度对待国王，他自然也会为人叹服。世界上任何两个人都可能成为朋友，关键在于你愿不愿意从心里尊重对方，试着理解对方，懂得欣赏对方的长处，愿意体谅对方的难处。

尊重是交往的基础，每个人都有自己的尊严和人格，谁也不愿意被人轻视，如果你做不到，你就不可能得到他人的尊重。有德的君子为人处世最谦和，他们懂得尊重他人，因此也就成了他人钦慕并愿意结交的对象。

他人和你没有什么不同，你们也许有不同的性格、爱好、地位、成就，但却同样遵循生老病死的自然原则，重复盈满则亏的人生法则。他人手里拥有你没有的东西，你手里的东西也让他人羡慕，没有谁是最优秀的，每个人都有他的长处和优点。所以不必盲目地崇拜别人，也许你崇拜的只是一个表象；更不能粗鲁地轻视别人，你所轻视的也许远胜于你，只是他谦和有为，不屑于和你计较。

在一家大公司，销售部的马经理最有威望，深得上司器重、下属佩服。这让同等级的其他经理们很不忿。有位狄经理就常常在老总面前打小报告，老总听得不耐烦，对狄经理说："马经理做得好自然有他的道理，你为什么不能学习一下他的优点？"

"我觉得我们资历相当，我去年的业绩甚至比他还高。"狄经理和老总有亲属关系，说话不必藏着掖着，坦率地抒发着心中的不满。

"业绩高只是一个方面，经理更需要团结员工、鼓舞士气，这对一个公司才是最好的。就拿与下属的关系来说吧，你让下属去办事，总是一副上司对下属的命令口气；马经理呢，总是客客气气，经常说'有件事想拜托你'这类的话。员工做错了事，你不问青红皂白就是一顿骂；马经理呢，像长辈一样帮人家分析错误，制订下次的计划——你如果是一个员工，更愿意跟着哪位经理？"狄经理被老总说得灰溜溜的，没回一句话。

平易近人是一个领导者身上很重要的素质，它不是必需的，但如果有了它，就能让人如虎添翼。一个人的形象靠的不仅仅是他的成绩，人们更看重他的行为。想要获得尊严，就要以自己的实际行动让人信服，在高位时懂得礼贤下士，就算是不起眼的人，也对对方礼让有加；在卑微时不看轻自己，不巴结奉承别人，这样的人怎么会不让人尊敬？

每个人都希望有和谐的人际关系，因为个性和爱好的差异，我们也许不能和所有人成为朋友，但我们应该试着和身边的人友好相处。人际交往虽然是一个双向活动，但你可以掌握主动权，你的态度能够为你们的关系定下基调：是平等的朋友，还是泾渭分明的陌生人？或者是彼此看不顺眼的对手甚至敌人？

一个谦和而真诚的人走到哪里都不会让人厌恶，认真地与他人相处，仔细观察他人的优点，每个人都有值得尊敬的地方，把这种尊敬当作你们交往的切入点，他人自然能够感受到你的诚意，也会为你的尊敬而开心不已。一个有道德的人永远不会看轻别人，他们牢记这样一个准则：想要获得他人的尊重，就必须先尊重他人。

将品德和学识酿成香醇浓郁的美酒

有头驴子读过一些书，认识不少字，很多动物称赞它有学问，它就以为自己是世界上最有学问的。它经常自以为是，对动物们指指点点，以炫耀自己的才学。

这一天，驴子遇到了一只夜莺，这只夜莺是森林里著名的歌手，它声音甜美，唱起歌来令听众陶醉不已。夜莺有礼貌地跟驴子打了招呼，驴子说："夜莺啊，我早就想和你说说话，你是这森林里最有名的歌手，但在我看来，你唱歌也不是十全十美。"

夜莺欢快地说："世界上没有十全十美的歌手，我也很想知道自己的缺点，如果你愿意就给我提提意见吧！"驴子一本正经地说："我认为你唱歌的确不错，可是，你的声音没有公鸡洪亮，你听过公鸡打鸣的声音吗？如果用那种声音来唱歌，那多么震撼人心！我觉得你应该考虑拜公鸡为师，学习一下打鸣的技巧。"

驴子的这番话说完，夜莺很客气地道谢，其他的动物都哈哈大笑。没多久，整个森林都知道了驴子的这番高论。但驴子仍然以万事通自居，走到哪里都要指指点点。

自以为是的人常常让人哭笑不得，他们总以为自己是万事通，凡事看到了就要掺和进去，发表自己的一番"高见"。不过，这种人就像故事中的那头驴子，对根本不了解的事说三道四，让人笑话。实际上，当他们侃侃而谈，说得头头是道的时候，大家都知道他们在不懂装懂。他们说的话，只能当作胡说八道，谁也不会重视。

人的学识就像一个容器，最好的应是那种庄严的大鼎，不但有容量，而且有重量，看到的人既了解它们的分量，又不能轻易猜测出它们的底细。而那些喜欢夸夸其谈的人，他们的学识就像玉杯，让人一眼就知道底里。更糟糕的是，因为他们太爱张扬炫耀，这个玉杯连底儿都没有，什么也托不住，只给人留下肤浅的印象。如果一个人不能妥善对待自己的才学，就会成为没有底的玉杯，让人遗憾。

自以为是的人会在不经意间得罪他人，对人际关系没有半分好处。因为他在炫耀学识的时候，必然会有真正的有识之士发觉，出于尊重，他们也许不会出言指正，但在心里却难免轻视这种浅薄之人。而且处处以自己的意见为重，难免和人发生冲突，以肤浅的学识去抗衡深厚的学识，自己还不知，这样的人走到哪里都会被人笑话。

章华永远记得年少时，班主任为学生上的一节特别的课。那一天班主任宣布课外活动，带着学生们走到野外。那时正是秋天，麦子成熟，老师对学生们说："这麦田一望无际，但麦子的质量却不一样，有些麦子割下来是实心的，有些里边却是空的，这种麦子就叫秕子，你们知道麦子和秕子有什么区别吗？"

学生们纷纷摇头，老师说："你们仔细观察，田里的麦子有何不同？"

"有的抬着头，有的低着头！"有学生说。

"没错，那些低着头的麦子就是实心的，因为它们有内容，也有修养，它们知道自己的一切都来自于大地，所以将头谦虚地朝向大地。而那些昂着头的就是稗子，它们没有内涵，却骄傲自大，所以将头朝向天空，唯恐别人看不到。你们今后一定要注意，不论有多大的本事，都要像麦子一样谦虚，否则，就会成为没有多大用处的稗子。"班主任说道。

孔子说："知之为知之，不知为不知，是知也。"想要得到真才实学，就要像麦子一样低下头，这样的人才厚重。那些对事情一知半解便开始扬扬得意的人，也许有人会被他们那故作高深的外表蒙蔽，但他们却会在真正的行家面前露出马脚。

对待知识我们需要一种谦虚的态度，知道就是知道，不知道就要虚心学习。不要以为别人不如自己，别人那里永远有你不了解的知识，你需要做的是把它们收为己用。还有，自欺欺人最不可取，因为世界上没有那么多傻瓜，更多的时候是别人不说，在心里拿你当傻瓜。

和人相处我们更要有谦和的心态，术业有专攻，没有人能样样全能。每个人都有特长，在自己不擅长的方面，切不可摆架子，要做到不懂就问，一知半解只会让自己更加无知。懂得了什么也不要急于表现，要做一个有学识并且有道德的人。品德若是与学识相辅相成，就像陈年美酒，越是沉得住，越是香醇浓郁，让人向往。

低进尘埃，方能开出花朵

某大学教授在讲授选修课，几周之后，他发现听课的人越来越少。这一天，他提早结束课程内容，和学生们谈话，他问学生："为什么大学生这么爱逃课？"

"因为大家都觉得老师讲课没意思，还不如去自学。"学生们说。

教授听完说："现在的学生真让人无奈，当年我在北大，生怕错过老师的一堂课，每堂课都早早去占位置，唯恐漏下一句。难道他们不知道人外有人，天外有天？"

"恐怕就是如此。"有学生说。

"年轻人搞学问就好比种花，如果不把自己埋在土里，让人灌溉，如何能开出花朵呢？可惜可惜。"教授叹息。教授的这番话被学生传了开来，不久之后，课堂里的学生越来越多。想来是他们听了教授的话，觉得有道理，纷纷回到课堂。

现代社会难免浮躁，每个人都希望自己能够尽快脱颖而出，多数人迫不及待地想表现自己，处处张扬，唯恐别人看不到自己。故事里的老教授希望总是逃课的学生能有谦虚的心态，把自己当作一颗需要浇灌的种子，而不是早早开放的浮躁花朵。

在浮躁的心态下能有什么样的好成绩？我们举个简单的例子，来算这样一笔账：古代人想要功成名就大都"十年寒窗"，如果两个书生，一个在十年之内不断读书，不断积累学识；另一个有些天资，在读书的同时不断走亲访友，拜谒名人。十年之后，谁的学识更深厚？答案很明显，前者也许金榜题名，后者也许成了王安石笔下的那个方仲永。

事情不能一概而论，也许后者又懂读书又懂与人交际，和前者一样得到功名。这时候，前者因为历年来养成的习惯，继续刻苦读书，并对工作勤勤恳恳；后者呢，多年来的习惯让他继续半调子式地读书，最终一事无成。再一个十年，前者如何？后者如何？最后究竟谁会有真正的学识、真正的底蕴？答案不必说。

眼高手低是年轻人的通病，凡事说得好，心气高，真要做起来却并不是那么优秀。这样的人不是没有才能，不是没有前途，只是他的才能并没有他自认为的那么多。如果再不知道虚心的重要，拒绝接受他人意见，他们的前途自然也不会像自己想得那么好。

年轻人要当一个茶壶下的茶杯，想要进步，最重要的是先把自己放低，你的眼光应该在最高处，但你的心态一定要在最低处，随时接受他人的教诲，随时补充对自己有益的各种知识。没有人肯对一个高高在上的人说教，你的态度谦虚，别人才愿意指教你，你越真诚，越能得到真知识。同时，也不要随随便便对他人说教，也许你的意见根本没有建设性，多听少说，谦虚的人都知道耳朵比嘴巴更重要。

西方一位哲学家说："想要到达最高处，必须从最低处开始。"有了一点成绩就飘飘然

暖心小语

想要到达最高处，必须从最低处开始。

214

的人做不了大事。想要做大事必须学会"手低"，善于做小事，把每一件具体的小事做好，以此去实现自己的远大志向。正视自己，保持谦虚，这就是做大事者必备的心理素质。

谦虚，让你行得更远

华歆是三国时的名士。有一次他当了大官，他的朋友们前来送行，送了不少贵重的礼物给他。华歆为人清廉，不愿接受众人的礼物，但他又不想扫了众人的面子，于是就在礼物上写下送礼人的姓名，原封不动地放在家中。

华歆离开家去上任的那一天，设宴款待亲朋好友。酒过三巡，他真诚地对朋友们说："谢谢各位的好意，为我准备了如此多的礼物。可是，我马上就要远行，如今世道不太平，带着这么贵重的东西，恐怕有闪失，不但辜负了各位的心意，还可能招致祸患。各位愿不愿意为我的安全考虑，拿回自己的礼物？"

亲朋好友听了这番话之后都明白了他的意思，于是大家各自取回礼物，对华歆的敬意也油然而生。

一个有道德的人要保证处世不违背自己的原则和良心，这只是基本要求。如果我们把要求提高一些，就要在不违背良心的基础上为他人考虑，尽量照顾到他人的自尊和面子。就像故事中的华歆不想收朋友们的礼物，就找到

"人身安全"这个理由，既不伤害亲友们的好意，又保证了自己的廉洁，这就很值得敬佩。

一个人能力有限，做不到事事周全，但要尽可能做到相对周全。一个有德之人不会罔顾他人的好意，所以在很多问题上，不能只考虑自己的喜好、自己的利益、自己的原则，你可以选择用一种委婉的方式拒绝对方。但万万不可强硬唐突，伤了别人的尊严，也损害了你们的关系，更可能招来他人对你的怨恨。

在公共场合，人最重视的就是自己的自尊。"人活一口气"，每个人都有气性，你做事不给他人面子，有涵养的也许能够宽容你，多数人却会在心里暗暗恼怒。所以凡事不要太较真，凸显自己、压低他人无异于没事找事，而给他人面子就是给自己回转的余地。

在美国南北战争时期，北方部队由格兰特将军率领，南方部队由李将军率领。后来南方部队投降。按照惯例，李将军要在受降仪式上向格兰特将军投降。

受降仪式后，格兰特将军对自己的部下说："李将军是值得我们尊重的将军，他被俘的时候异常镇静，穿着整洁，仪表堂堂，气度不凡，而我这种穿着普通军装的矮个子，在他面前真是相形见绌。"

这件事很快传遍美国，大家都说，格兰特将军不但有胜利者的实力，还有胜利者的气度。

暖心小语

给他人面子，就是给自己余地。

216

胜利者能得到荣誉，但决定人口碑的不是一项荣誉，而是更内在的东西，这就是人的品德。故事中的格兰特将军就是一个德才兼备的人，他为南北战争立下汗马功劳，已经能够让他名垂青史，更让人敬佩的是他对对手的礼让与尊重。唯有一个真正有底蕴、真正有自信的人，才会尊重对手，才会时时保持谦虚。

　　有些有了一些成绩的人，别人还没有高看他们，他们首先要把自己捧得高高的。他们所希望的不过是被人仰视，享受胜利的快感。这种心态虚荣而且浮躁，偏离了君子"不骄不躁"的道德准绳。要知道一个人不可能时时成功，那些失败者未必比你差，即使是你的手下败将，也会在某一方面比你强很多。迫不及待地显示自己的胜利，只会让人看到内里的虚弱，哪个真正的胜利者需要出口夸赞自己？如果那胜利真的深入人心，夸赞你的应该是别人。

　　对待成绩要谦和，重要的不是你过去做过什么，而是你未来能做什么。成绩再好，也已经属于过去，有智慧的人永远向前看。何况比起未来，你现在的成绩并不算什么。有德行的人在成绩面前不会掉以轻心，他们会让自己更勤勉一些，更谦虚一些，唯有如此，才能真正消解心中的浮躁，平稳地到达心中的目的地。

温暖人心的，是语言

　　一位老诗人正在一所大学为学生们演讲。老诗人年事已高，声音有些颤抖，他所讲的那个理论也还停留在几十年前，早已过时。出于对老人的尊重，观众们用心地听着，不时报以掌声，这时一个学生大声说："讲的东西早就过时了！这样的诗歌放到现代根本没人会去看，更记不住。这些东西也只有老古董会去读几行！"

　　现场的气氛冷了下来，老诗人的双唇颤抖，好不容易才把演讲稿读完。观众们都对那个学生投以冷冷的目光。演讲完毕，老诗人伤心地乘车离去，据说回家后一直很沮丧。那个学生听说这件事后，很后悔自己的失言，他想向老人道歉，又知道道歉于事无补，只能盼望这位老诗人早日想开点。后来，老人通过别人知道了他的后悔，托人转告他说："不要在意这件事，我已经不去想它了，你也忘了它。今后说话要考虑别人的心情，不要无缘无故地伤害别人。因为你眼中的错误，可能是别人一辈子的坚持。"

　　良言一句三冬暖，恶语伤人六月寒。故事中年轻学生的一句话，让年老的诗人伤心不已。学生只是年少无知，太不会顾及别人的心情，老人最后虽然原谅了他，但内心的伤口其实并不能弥补。有时候一句不经意的话，就会毁掉他人的心情、他人的自信，甚至他人的生活，所以说话之前要多多考虑，不要口无遮拦。

言者无心，听者有意，说话时要考虑别人的心情。一句话对你而言，也许不包含判断，不包含爱憎，仅仅是一句话而已；但在别人看来，那可能是一句让他心里觉得别扭的讽刺，也可能是恰好踩到他痛处的挖苦，有时候还可能成为他评价你的依据。人与人交流靠的是语言，不重视语言，话拿来便说，丝毫不考虑后果，实属不智。

言为心声，对他人口出恶言的人，心中少了对他人的善意。试想一个人如果真正为他人着想，会不会丝毫不考虑他人感受随便说话？也有一种人是刀子嘴豆腐心，嘴巴厉害心肠软，这样的人相处久了，了解的人也会与他好好相处。但终究不如那些会在言语上多加重视，从来不出口伤人的人来得亲近。和这样的人相处，得到的是一种精神上的安慰，他们永远会以温和的态度与你交流，即使提出批评，也会让你乐意接受。

作为森林之王，狮子是一个讲究领导艺术的统治者，它从不让自己的臣民难堪，即使提出批评，也会选择最容易让人接受的方法。

一天，山下的农民跑来告状，说山里的猴子偷走了田里的玉米。狮子表示它会处理这件事。它让人叫来猴子，对猴子说："去年一年，因为我的领导失误，森林里发生了很多事，我没有带着大家得到更多的粮食，导致你们一家吃不饱饭，只好去山下拿一些玉米给家里的老人填饱肚子……"

猴子没想到国王如此体贴下情，它感动地说："的确是我们不对，不应该去偷农夫的玉米。今年我们会更勤恳一点，不再让这种事发生。"最后，猴子满面笑容地出了王宫。一次"批评"，让动物们对国王更加心悦诚服。

批评人最需要技巧，否则就是不被人欢迎的指手画脚，还常常招来他人的抵触心理。故事中的狮子首先检讨自己，然后再说别人的不是，用自己的虚心换来他人的虚心，这就是会说话的人。会说话的人他们把交谈当作一种艺术，注重的是沟通的效果。

耐心与平等是友好沟通的基础，不论是夸奖别人还是批评别人，切记不要说"过"。想要夸奖一个人，用平和的语言、真诚的态度会让被夸奖人得到信心和鼓励，看到自己的价值和作用，这样的夸奖人人需要、人人喜欢。但如果总是夸奖，夸过了头，就成了让人警惕厌烦的奉承。想要批评一个人，如果能够推心置腹，处处为对方考虑，诚恳地与对方交换意见，自然能让人心悦诚服。如果高高在上，就会让被批评者产生逆反心理，甚至会把你的好心当作恶意。你开的是良药，人家没准当作炮弹，记恨于你。

一个有德行的人要留心自己的言语，不要说不该说的话。不该说的话有三种：流言、闲言、他人的缺点。流言就像空气中的鸡毛，你说了就再也收不回来，你也成了传播是非的人，会遭人鄙视；闲言是无聊人士茶余饭后的谈资，你也许不能不听，但不要跟着参与，因为你并不了解事情，没有发言的权利；他人的过错如果在他面前说，那是批评；在人的背后说，就不是君子所为，必须避免。任何时候都要让自己的语言符合自己的品德，语言是为了交流而产生，一定不要让它成为伤害他人感情的利刃。

爱心，让人如沐春风

在一条街上，流传着一个"孤儿老人"的故事。这位老人心地善良，一辈子先后收养了几十个无家可归的孤儿，供他们上学读书。这位老人的善行让人们感叹，人们自发捐款，为老人募集了一个"孤儿基金"，以减轻他的压力。

有电台记者来采访老人，问老人为何有如此善举，老人说："因为我曾经是个孤儿，是一对好心的老人收养了我，让我上学。我的养父母早已去世了，但我常常想起他们。"

如今，老人已经去世十年，他的名字依然被这条街上的人铭记着。人们用他的事迹教育自己的孩子要做一个善良的人，把爱心传递给更多的人。

爱心最能体现一个人的品德，故事中的老人并不富裕，也没有做出过丰功伟绩，但他的名字却一直被人们纪念。比起世间的名利，人们最重视的始终是一份真情，人们最尊重的始终是一颗肯为人着想的高贵的心。

据说在伦敦的一些教堂前，人们会习惯性地把口袋里的零钱扔在草丛和石子路上，过往的行人也不会捡起来据为己有。这些钱是为了给那些贫苦又非常有自尊的孩子的，这点点滴滴的爱心折射的是人们无私的灵魂与对他人的同情。

我们每个人的成长都离不开他人的爱心，从小到大，有多少素不相识的人曾经帮助过我们？当我们摔倒的时候，扶起我们的也许是并不认识的人；当我们有困难时，给我们援助的也许是根本没有来往的人。他们没有义务帮助我们，仅仅是因为他们有一颗爱心，看到弱小忍不住帮忙，看到旁人陷入困境，不愿袖手旁观。

这样的爱心存在于每个有德者身上。有爱心的人待人温和，他们愿意让自己也让他人相信人与人之间的关系是美好的，人情味是可以超越功利性而存在的。爱心是一条纽带，把陌生人连在一起，也能让那些孤单的人感觉到温暖，让那些愿意给予的人察觉自己的价值。

两个富翁同时到了天堂，他们是多年前的朋友，后来做各自的生意，到了不同的国家，再也没有联系。此刻，他们相逢在天堂门口，不禁感叹各自的遭遇。他们看到对方穿着朴素的衣服，都诧异地问："你看上去怎么这么贫穷？"

一个说："一直以来我都是个富有的人，我把赚来的钱全部换成金条存在我的地下室。可是前段时间，我所有的金条都被盗贼盗走了，我成了穷光蛋。而我死后，也不会有人记得我，我觉得我的人生非常失败。"

另一个说："我也曾经是一个把钱全都藏起来的人。晚年的时候我生了一场大病，医生好不容易才把我救回来。我突然觉得人一死，拥有多少金钱都没有用，所以我决定把它们分给那些更需要的人。死之前，我已经捐出了自己所有的财产。相信不久之后，世界各地都会有以我的名字命名的慈善基金。"

两位富翁，两种人生，一个将财富用于帮助他人，一个将金钱放在身边直到两手空空。实际上世界上的一切都只能短暂地存在于我们手中，与其抓住不放，不如用它们去帮助更多有困难的人，这就是善良，就是善待他人。

有德者慷慨。古语说："路行窄处，留一步与人行；滋味浓时，减三分让人食。"善待他人也是善待自己，就像一条窄窄的路，如果能为迎面走来的人留一步，自己也能很快通过；相反若是寸步不让，只会耽误自己的时间和他人的要事。

善待他人的人经常忘我，也许他们并没有忘记自我，只是为了帮助别人，忽视了自己的利益。他们的善行会被那个被援助的人牢牢记在心里。为什么说"好人有好报"？就是因为当好人遇到困难时，那些曾被他帮助的人都会同情他、援助他，因为每个人都有最基本的良知。

良知是道德的基础。一个德行深厚的人不会对个人利益斤斤计较，他们身上没有这种浮躁气息。相反，他们更看重他人的利益，体谅他人的不幸。想要有一颗淡然的心，就要谦和对人，谦虚处世，把"道德"摆在最端正的位置。如此一来，才能在众人汲汲营营之时，保持心中的那份坦然和慷慨。与人为善，让人如闻琴瑟，如沐春风。

第11辑
任你伤春悲秋，我自对酒当歌

生命短暂而美好，没时间纠结，没时间计较。只有放下那些无谓的负担，我们才能一路潇洒前行。在心里播种一粒梦想的种子，让它伴我们一起成长。

此处心安，即是幸福

一个青年坐在村口不住地叹气，有位老者经过问道："后生，你为何长吁短叹？"

"我叹世事无常，人生不如意之事良多。我本是一书生，寒窗之下，只待有朝一日金榜题名，谁知近日我朝战事不断，村里的男子都将应征入伍。"

老者听罢，劝道："世人寒窗苦读，不过为一朝功名，战场之上依然能取得功名。"

"可是，我就要远离家乡。"青年说。

"远离家乡，也许赴塞外，也许戍北海，也许你被派到战事不紧的北海。"老者说。

"那如果我被派到塞外苦寒之地呢?"青年说。

"塞外苦寒,亦可陶冶情怀,增长见闻。"老者说。

"可是,如果我上了战场,刀剑无眼,死于战场怎么办?"青年说。

"死于战场,便归于大道,从此无知无觉,再也不必惊惧,所以施主无须烦恼。"老者说。

青年听罢,深以为然,果然放下心中重担。

人总是习惯为命运担忧,从眼前一事就能想起万千烦恼,没个了断。故事里的书生说人生不如意的事太多,却不能在不如意中看到机会,一味认为自己时运不济,这种太过笃定的念头可称之为"痴",也可叫作"执"。对一件事、一个想法太过坚持,就会把路越走越窄,再也不能心宽明理。可世间诸事纷纭,若不能心宽以待,怎能有豁达与舒坦的心境?

什么是明理?在古代,"道理"并不是一个词,而是两个。"道",是我们前面说过的事物遵循的深层法则;"理",则是那些表面现象。到了现代,"理"的意思越来越宽泛。"明理",既是知晓事理,也是通情达理。故事中的老人既知"道"也明"理",他看事物不只看表象,还会推出前因后果,一旦看得明白,就不会有那么多担心——路在脚下,有时间担心,不如赶快赶路,寻找机遇才是正题。

只要心明白了这个道理,又有什么事值得人们愁眉不展、郁郁寡欢?不过贪嗔怨怒,贪念让人迷失心智,不懂知足;嗔怒让人肝火上升,伤神伤身;怨恨让人心生恶意,害人害己……人生的烦恼不过这些,一切都来自于自己的执念。执念一产生，便如种子植在心中，随着年岁枝繁叶茂，难以根除，甚至会被某些人视为生命意义之所在，忘记生命中还有其他重要的事。

古时候，有个官员担任要职，每天衙门里的大事小情如乱麻一样，让他心烦意乱。不但公事操劳，家里一个正妻、一个小妾、五个儿女常常争吵，也让他心力交瘁。这一天，他独自骑马到城外散心。看到绿草丛边有个牧童正在吹笛子。官员坐下来与那个牧童交谈，他对牧童说："我真羡慕你，你只要放放羊，吹吹笛子，就能很快乐。"

牧童问："谁不是这样呢？难道你不是？"

官员说："我不是，我就算来到草地上，吹着笛子，心里也想着烦心事，不能解脱。"

牧童说："那么，难道这些烦心事是绳子，能绑住你的手脚吗？"

官员说："它们当然不是绳子，不能绑住我。"

牧童说："既然它们不能绑住你，你为什么不能解脱？"

官员静默不语，继而大悟。

世间烦恼并不是绳索，人们却心甘情愿地被它捆住，不知是烦恼缠人，还是人抓着烦恼不放。烦恼也常常有美丽的外衣，比如娇美的容貌，比如殷富的地位，比如人尽皆知的名声。人们得到它，也要收下它负面的部分，越到后来，越是看到负面的部分，以致自己心烦意乱。倘若人们能够明白事理，客观地看待世间一切，至少不会为了事物的负面因素烦心。

明理的人心宽，对人对事看得开。在享受的时候，他们并不是不知道福祸相倚，今日的舒坦也许意味着明日的苦难，但他们不会为了明日的烦忧干扰今日的快乐。不论祸福，他们担得起，不论喜悲，他们放得下。在他们看来，"痴"固然重要，该洒脱的时候也要洒脱，该放下的时候仍然紧紧握着，未免有些小家子气。

明理之人可以用心于生活，不会过痴过执，因为他们追求的是生命的宽度，而不是对一个"点"锲而不舍，那不过是陷进去，再也拔不出来。生命有限，要体会的事太多太多，心宽的人才能容纳人生更多的风雨。世事无常，做个明理之人，便可于纷乱中觅得清净与智慧。

多一物，多一心；少一物，少一念

中国有个贤人叫许由，许由是个通达之人，平日不喜俗物，也没什么烦恼。有一次他在河边用双手捧起水来洗脸，有人看到后，好心送给他一个水瓢。许由用了后将水瓢挂在树枝上。风吹过来，许由认为瓢发出的声音让人厌烦，就将瓢还给送瓢的人，继续用双手洗脸。

传说上古明君尧倾慕他的才能，愿意将天下交给许由治理。可是许由认为尧治理天下很合适，自己不想要这个负担，就拒绝了尧。可见，在圣人眼里，多一物就多一心。

许由是上古有名的贤人，他连天下都不要的风采一直令后人追慕不已。许由是不是没有追求的人呢？不是。只能说他不追求世俗之物，他所追求的一直是心中的清净，这也是心灵的最高追求。像这样只追求自己想要的东西，别的都放在一边不予理会的人，自然烦恼少。

在现代社会，任何人都不能说自己完全切断万物，没有任何追求。人要生存，就要追求合适的谋生手段；人要感情，就要追求合适的心灵伴侣。追求并不等于杂念，也并不与淡泊的要义相违背。只是人们渐渐发现，拥有的东西越多，负担就越多；想要的东西越多，就越成为心灵的负累。就像一个人背着背包，如果放进太多东西，就成了负重行走，脚步越来越慢，心境越来越不明朗，开心也离自己越来越远。

可是人们很难放开已经到手的东西，这就是前面说过的"痴"；"痴"如果更进一步，就成了贪，它们的表现都是对某种事物的过度偏执。人生在世，每个人难免会有偏执的念头，已有的东西牢牢握在手里不肯放开。舍不得早已成为负累的旧物，就不能抓起生活必需的新物，也得不到两手轻松的宁静。一切烦恼都来自不如意，一切不如意皆来自偏执，可见人们什么时候懂得放下，什么时候才能远离烦恼。

古代有个大官，住在一所大宅子里，却经常觉得心烦意乱，很想寻个清静。但他发现天地之大，清静之地难寻，只好请一位智者为他指点迷津。

暖心小语

人生道路漫长，要常常给自己减负，才能轻装上阵。

智者听完官员的烦恼，对官员说："大千世界，让人心烦的事很多。比如您身边这几位侍妾，每个人都佩戴着珠玉钗环，发出响声，人一多，您自然觉得心慌意乱。不如让她们摘掉这些珠玉首饰。"官员依言而行，果然觉得耳边清静了不少。

智者继续说："人生在世，人人求富贵，即使身上摘掉了珠玉，心里想的仍是珠玉。只有将心里的杂念扔掉，才能如这房间一样安静。"

官员终于明白了自己心烦气躁的原因。从此，他勤恳于公务，却不再醉心于功名，果然神清气爽，人们也越发敬重他。

世人常说想要觅一方清净天地，可以暂时远离俗世烦扰，可是桃花源迄今还没被发现，周围处处有烟火气，这"清净"总是无处可找。就像故事中的官员，眼看着簪环玉佩，功名利禄，哪里还有清净？可见拥有的东西太多，就会让人心烦气躁。

能够拥有是一件好事，或者证明了你的能力，或者证明了你的运气。但拥有太多却是一种负累，何况我们拥有的并不是属于自己的东西，我们只是暂时的保管者，不如顺其自然，让它们也能发挥最大的作用。能够放下，于人于己都是一种轻松。

少一份拥有便少一份执念，这不是要求人们做到一无所有，而是告诉人们要选择最重要的放在手里，而不是一堆零碎的边角。明理的人看得明白，人生所追求的不过那么几样东西，其余的都是附加，什么时候看透这一点，什么时候懂得专心致志。多一点也许不是坏事，但少一点却意味着轻松和更多的可能。人生道路漫长，要常常给自己减负，才能轻装上阵。

对酒当歌，活得洒脱

一个妇女在家里受了委屈，找到智者诉说烦恼，希望能够得到智者的开导。妇女对智者说："难道我这辈子就要忍受这种命运吗？我是个善良的人，难道要忍受一辈子打骂，然后换得来世的幸福？"

智者说："虽然你从小受到的教导就是要解放一个人的心性，让人善良，让人自在。但你过于执着于善良与忍耐，凡事都忍。其实为了正确的事，你也可以不必忍耐。人贵在执着，但过分执着就成了生活的障碍。执念，正是人生最大的障碍。"

妇女的遭遇让人同情，却也让人想要问上一句："你为什么不反抗？你的善良已经接近病态。"善良本是一种良好的品行，但不能凡事都忍，丝毫不维护自己的利益。这种对善良的执着已经走向了懦弱，不再是善良。

过犹不及，世间万物都是如此。过分看重金钱的人，常常成为金钱的奴隶；过分看重名利的人，为了更高的位置不择手段，毁了自己的未来；过分看重安逸的人，就会贪图享受，不思进取；过分看重所谓的"人品"，就会无法接受他人的缺点，与世俗格格不入……执念太深，就变成了执迷不悟。执着让人专注，让人奉献，却也让人迷失。

人需要有一些执着精神，否则凡事浅尝辄止。看到有兴趣的东西就去尝试，遇到一点小困难就放弃，这就是不够执着的表现。而执着的人知道毅力的重要，他们一旦有了兴趣，就要弄懂弄透，不会害怕困难，更不会半途而废。他们大多是成功者。

执着与过分执着有什么区别？拿登山为例，有些人不过到了半山腰就下去，这是半途而废者；那些真正攀登到山顶，享受了会当凌绝顶的快感，留下了美好回忆，然后下山去攀登另一座高峰或者去做其他有用的事的人，就是执着者；那些好不容易攀到山峰，从此留恋不已再也不肯下山，或者到了半山腰，明明前方再也无路可走，宁可在山腰上抱怨也不肯下山的人，就是过分执着。

一个年轻人读过很多书，写过一些被人称赞的诗歌，自以为是个天才。他想要得到更高的地位，受到更多人的关注，他对自己的现状越来越不满，于是陷入了痛苦之中。

年轻人的父亲见儿子愁思不展，就对儿子说："你这么不开心，不如放下工作，和我一起去海边走走吧，也许海边的风景能令你恢复活力。"

儿子和父亲去海边度假，每天早晨，他们看到渔船出海归来，将渔网里的鱼和贝在阳光下晾晒，儿子问渔夫："你们出去一次，能打回多少东西？"渔夫说："我们不计较能打回多少东西，只要不是空手而回，就没有白去一次。"

年轻人突然领悟了什么似的，对父亲说："我觉得我没必要为现状哀叹，如果看不到自己的成绩，我会越来越失落。事实上我已经得到了不少东西，难道不是吗？"

"是的，我很高兴你想开了。"父亲说，"执着固然重要，但比执着更重要的是快乐。"

　　很多时候，执着代表着对自己的高标准严要求，并不是一件坏事。但凡事都有度，一旦要求过了头，就会变成巨大的压力，工作不再是工作，变成了压迫；成绩不再是成绩，预示前边还有更多事要做；目标也不再是目标，变成了自我强迫的源头。

　　故事中的青年很幸运，他有一个明理的父亲，在他即将被压垮的时候，带他去大自然中放松身心，体味人生百态。人往往不能自己明白、自己醒悟，但如果长久地执迷不悟，只会被执念羁绊。执着本来是件好事，一旦做过了头，就成了错误。

　　执着到了深处就变成了一种贪念，执着往往是因为得不到，或者得到的不够多、不够好。这个时候继续追求，实际上已经超过了自己的能力和承受力，追求那些本不属于自己的。人生最大的悲剧就是追求错误的东西，这等于放弃了原本属于自己的幸福，硬要走一条充满坎坷没有光明的路。一个明理的人应该懂得放下执念，与其被执念所累，不如活得洒脱。

心晴，处处皆风景

　　人与人之间的维系靠的就是一份感情，以利益维系的人，利益在时聚在一起，利益不在时形同陌路，利益冲突时反目成仇。名与利都是外物，不能与真情相比。没有真情只有名利的人生，就如一顿只吃盐巴的宴席，只有咸和苦。

　　有时候人们会觉得空虚，明明自己有很好的生活、很高的地位，却觉得心灵空荡荡地悬在半空，没有着落。如果做出成绩没有亲近的人祝贺，遭遇挫折没有友善的朋友协助，人生就只有孤独和跋涉。而有了喜悦能够和人分享，有了痛苦有人愿意分担，就像海上的船能看得到港湾，这样的人生才能让人心安。

　　心安者不独。在汉语中，"独"字代表单一和孤立，人生漫漫，我们需要他人，这种"需要"并非功利性质，否则一切照顾都可以用金钱买到，何来感情？我们需要的是他人对自己真心的对待，特别是在生病时、伤心时、彷徨时，他人的关怀就尤为重要。金钱可以买到很多东西，但买不来真情真意，所以重情的人淡泊名利。

　　村里有位年近七十的老大爷，平日酷爱养花。有一次，老大爷的儿子给老大爷寻找到好品种的菊花种子，第二年秋天，老大爷的花园里开满了美丽的菊花，香味一直飘到村头。老大爷经常在花间漫步，有时喝上一杯酒，很有"采菊东篱下，悠然见南山"的感觉。

村里的人看了心生羡慕，都来向老大爷讨要菊花，想要移植到自己家中。老大爷很慷慨，只要有人来要，必然挖出开得最好的送给那人。没过多久，一花园的菊花送得干干净净。老人的院子里只剩下一堆土，但他仍然每天散步喝酒，飘飘若仙，村里人看了都称赞他。

老大爷的儿子回来看老大爷，只见花园里没有一朵花，他奇怪地问："怎么，我送你的菊花种子不能开花？"老大爷说："怎么不能开花，你难道没看到，村子里每家每户都有你送的菊花？"儿子仔细一看，果然，每家每户都开着美丽的菊花，飘着清雅的菊花香气。

淡泊名利的人能够活得惬意，在他们心中感情就如花香，不必拘于自己的园子，将它放在更多的地方，就会让更多人享受到一份怡然。故事中的老人不计较个人的得失，他明白好花要由众人一同欣赏，一个园子的花香只是剪影，一个村子的花香才是风景。

淡泊之上处处皆有风景，因为把名利看淡，注重的便是人生的那一份快慰。很多事可以自己做，但如果和他人一起做，进度就格外地快，感觉也格外地好。享受彼此扶持的那份情谊，也享受了两心相安的依靠感，这样的人生才会格外踏实温暖，让人留恋。

暖心小语

一个园子的花香只是剪影，一个村子的花香才是风景。

重情的人不会被他人孤立。你看重什么，自然会着意维系，不会冷眼看着他人遭受厄运，也不会损人利己，只顾自己的名利。不必说富贵如浮云，这样说的人未必做得到；也不必感叹人情冷暖、世态炎凉。将那些身外之物看淡，体会和把握人世间的真情，如此心境才能安稳，生活才有真正的滋味。

放下，才能收获更多

发明大王爱迪生成名后，投入大笔资金在美国开了一个实验室，实验室里配备了当时最先进的设备，请来了最优秀的助手。在那里，爱迪生把他的天才想法反复试验，也产生了不少优秀的发明。实验室里最多的，是那些有了初步成果，却尚未完成的半成品。

1914 年的一个晚上，实验室发生了一场大火，当消防员赶来的时候，所有实验器材和试验资料毁于一旦，看到长年的心血化为灰烬，助手们心痛不已。也有人害怕爱迪生会想不开，他们都想安慰他。没想到爱迪生却说："大家不要难过，这一场大火烧光了我们的实验成果，也烧光了我们以往的错误和偏见。现在，让我们放弃过去，重新开始吧！"助手们的信心在一瞬间被他点燃。

有开始就有结束，有得到就有失去。爱迪生的实验室毁于一场大火，损失惨重。我们的人生中也多多少少有过类似的经历：长时间的心血毁于一旦，没有任何回转余地。这个时候我们只能选择放弃，但这放弃并不能让我们轻松。放弃应该从心理上开始，面对过去的执念，要明白唯有真正的放弃，才能得到新的机会。

放弃不是一件容易的事，如果放弃的仅仅是手中不重要的东西，也许心里不会难受，但"放弃"这个词一向与重要的事相连，而且这种"放弃"往往意味着不能再拥有。人有执念，自然也有相应的努力和行动，也许已经有了一些成绩，放弃就要将这些东西全部都抛掉，也难怪人们说："得到难，放弃更难。"

那么，人们舍不得的究竟是自己的执念，还是那些已经付出的青春、精力、金钱？恐怕后者的成分要多一些。多数人都希望自己的投入有所回报，不希望自己的努力成了竹篮打水。但也就是这种心理，让执念越来越深。明理的人不会沿着错误的方向一直走，他们会及时收手回头，因为知道继续纠缠下去，只会浪费更多，耽误更多。

清清是个美丽的女孩，在她的公司，很多男士想要追求她。但是今年已经 27 岁的清清对感情从不过问，拒绝了所有人的追求。

清清不谈恋爱有她的原因。在大学的时候，清清有个感情很好的男朋友，可是二人个性不合，经常产生矛盾。两个人几经磨合，依然不能适应对方，最后只能选择分手。清清对这段感情投入很多，对这个结果非常失望。从此她对感情能避则避，更不想走入婚姻的殿堂。

清清的好朋友们经常给她讲道理："一个不合适，难道第二个也不合适？不要因为一个人就对所有的人都失望。你不去尝试，怎么能

暖心小语

懂得放弃也是一种获得。

236

遇到最好的?"但清清一直沉浸在过去的失望中,不肯迈出一步。身边的姐妹们一个接一个地都嫁人了。终于有一天,清清才发现,再不重新开始,自己就要成为剩女一族中的一员了。

懂得放弃是一种智慧。过去已经成了定局,就算有再多的执着,有些事也无法挽回,一味留恋只会徒增伤感。就像故事中的清清,为了一次失败的恋爱而否定自己,否定感情,这种否定情绪已经影响了她的生活,如果不能及时放开这种负面情绪,迎接她的将会是孤单的结局。如果有一天她突然醒悟,恐怕要后悔自己耽误了那么多美好的时光。

舍得放弃是一种能力,放弃代表一个人的决断。在最恰当的时候放手,即使有伤痛,也是最佳选择。放下一些旁人都羡慕,自己也舍不得的东西,何尝不是一种考验?要相信有舍必有得,贪恋只会拖延你前进的步伐。哪一次选择不是因为对旧选择的放弃?所以不要害怕放弃,放弃意味着新的选择与新的开始。

对人生的烦恼更要懂得放弃,有一位哲人曾说了一句饱含智慧的话,这句话只有两个字——放下。放下执念,便能明理;放下烦恼,便有自在;放下欲望,便可超脱。多少智慧都在这两个字之中,需要人们细细体会,反复琢磨。唯有放下,心灵才能容纳更多的智慧,所以修心者懂得放,懂得舍,懂得放弃也是一种获得。

一点瑕疵，更显美玉的光芒

有个蜡像家是出了名的完美主义者，他做的蜡像务必要和真人一模一样，否则就毁掉重做。他对自己要求太高，以致一辈子都没有几个成型的作品。到了老年，他预感自己就要死了，为了逃避死神，他做了九个自己的蜡像摆放在房子里，为的是避免自己被死神带走。

没过多久，死神来了，他看到十个一模一样、一动不动的人，迷惑不已，不知该带走哪一个。最后死神大声说："不要以为你能为难死神，死神知道你的一切。"说着，他指着其中一座蜡像大叫："看啊！这座蜡像的瑕疵多么明显！真是失败的作品！"

蜡像家"嗖"地跳了出来，抓着死神急切地问："瑕疵在哪里？瑕疵在哪里？"死神说："有没有瑕疵并不重要，重要的是我抓住你了！记得，太苛求完美会害死自己，世间根本没有十全十美的东西！"说着，他取走了蜡像家的性命。

有些人痴迷于完美，认为凡事只有做到十全十美才是成功，一点瑕疵那就是最大的失败，不可饶恕。这样的人大多偏执。故事中的蜡像家是个完美主义者，他雕出的人像能够骗过任何人。可是，完美是他的优点也是他的弱点，因为太过追求完美，他没能够骗得过死神。

人生在世，需要小心的不是"痴"，而是过于痴迷。过于痴迷的人对内会变为执念，干扰心智，不得清静；对外就会变为苛求，对人对事常存挑剔，永远不能满意。偏执者的误区在于，别人是为了达到某个目的完成一件事，而他们却会完全忘记目的，只想着如何做得最好，为了一个小细节的完美，他们可以忘记大局。

完美主义者对自己要求高，他们往往很优秀，如此一来，更让接近他们的人备感压力。他们会以对自己的要求来评价别人，一旦别人达不到标准，他就会产生偏见。与人相处还是小事，偏执到了极点，看什么都不顺眼，全世界的人和物都不能让他满意，这时候偏执者已病入膏肓。

古时候有个富翁，他有一个独生女，长得无比娇美，性格温柔，才情又好，可谓样样优秀。富翁爱若掌上明珠，在女儿很小的时候，就发誓只有世间最好的男子才能娶自己的女儿。

转眼女儿到了婚嫁年龄，来提亲的媒人络绎不绝，可富翁总是对男方的条件诸多挑剔，认为对方配不上自己的女儿。于是，富翁拒绝了一个又一个求婚者。

又过了几年，富翁的女儿渐渐老去，求婚的人越来越少，富翁的妻子劝他："不要再耽误女儿的终身，找个差不多的对象就好。"富翁却说："我对女儿负责才会如此，终身大事，怎么能随随便便呢？"仍然对求婚者挑剔不已。又过几年，已经没有人来向富翁的女儿求婚。

暖心小语

很美，却不完美，才是生命的常态。

男与女能够成为夫妻，靠的是感情。在古代，靠的是缘分。偏偏有人执意要替女儿选个最好的婆家，挑三拣四，耽误了女儿一辈子。其实不论人与事，合适与中意才是最重要的，非要制定一个"最高标准"，然后按图索骥，无异于大海捞针。就算真能找到，没准人家也是个偏执狂，偏偏就是看不上你。

世界上也许有你心目中的十全十美，但甲之蜜糖乙之砒霜，你所想象的完美在别人眼中可能是"不美"。凡事高标准没有什么不对，对自己要求严格能够提升能力，对他人要求严格虽然可能得罪人，却也有人敬重你的认真与正直。但高要求变成苛求，就让人吃不消。何况你的标准并不是别人的标准，何必强人所难？

人生最怕"意难平"，一旦自己太过挑剔，觉得不满意，花好月圆也好，金榜题名也罢，都成了灰色的，不值得骄傲，这是一种自己造成的遗憾。因为心中最想要的事没有做到，到手的东西难免看着就不顺眼。太过苛求就是病态，如果生命始终以这样一种苛刻的标准来衡量，那么我们便没有进步，没有提高，更谈不上幸福，谈不上享受，这样的人生又有什么意义？不如放低标准，放宽心胸，接纳自己也接纳他人。很美，却不完美，才是生命的常态。

关爱如果变成了牵绊

一日，智者路过一个花园，见花园莺语花香，一派春日祥和景致。智者正在散步，突然听到一棵高大的树上传来一阵哀鸣，举头看去，是一窝小鸟因害怕而啼叫。

"这么小的鸟却放在这么高的树上，难怪会害怕。"智者想，他不忍听到小鸟的叫声，就拿了梯子，把鸟窝放在低一些的树枝上。

第二天，智者依然路过花园，又听到小鸟的啼叫，于是智者又将鸟窝放低了一些。如此几天，小鸟终于心满意足，发出欢悦的声音，智者终于能够放下心。

没过多久，智者又一次路过花园，却听不到鸟儿的声音，只看到低矮树枝间空荡荡的鸟巢和散落的羽毛。原来，鸟巢放得太低，小鸟都被附近的野猫叼走了。智者顿时明白，自己对小鸟的帮助，最后杀死了它们，他懊悔不已。

一种感情一旦过度，就成了"痴"，过度的爱就是如此。想多为对方做一些事并不是错，但人们常常忘记自己并不是对方，自己需要的对方并不一定需要。更糟的是，有时你想到的东西非但不能帮助对方，还会给对方带来危害。故事中的智者本着一颗慈悲之心帮助小鸟，却害得小鸟丧生，这就是过度的关爱害了他人的例子。

世界上最伟大的感情就是爱。爱，既包括父母子女之间无条件的呵护与扶持，也包括男女之间无缘由的吸引与迷恋，还包括朋友之间无偿的关怀与信任，更包括对他人对世界的真诚奉献。但是，父母过度溺爱会让孩子无法独立；情侣过度沉迷爱情会失去自我；朋友间过度关怀就成了束缚……爱应该有一个限度，一旦超过这个限度，爱就成了一种伤害。

感情的限度不好把握，却必须把握。掌握这个"度"其实并不难，只要能够站在他人的角度，认真为他人着想，给予却也不过量，就能够既让对方察觉到你的心意，又保证对方的独立性。要记得你的关怀应该是对对方的辅助，而不是越俎代庖，什么事都为对方做，因为你帮得了他一时，帮不了他一世。

一对老夫妻住在一座海岛上，过着与世隔绝的生活。老人每天在近海捕鱼，妇人喂家禽，夫妻二人生活平静。一日，一群天鹅落在海岛上，老夫妻很喜欢这些漂亮的鸟，拿出谷物招待它们，天鹅们也很喜欢这对老夫妻。

日复一日，天鹅群分成两个阵营，一个阵营认为老夫妻心地善良，真心喜欢它们，它们应该留下来陪伴老夫妻。另一个阵营认为天鹅应该寻找最适合居住的地方，而不是这个只能依靠老夫妻的海岛。两个阵营经过激烈争吵，无法达成共识。最后，一批天鹅飞走了，另一批天鹅留了下来，和老夫妻一起快乐地生活着。

过了几年，飞走的天鹅早已找到了栖息的乐土，它们再一次来到海岛，想要感谢那对

暖心小语

用一种平和而有节制的态度付出爱，接受爱。

老夫妻，也看一看自己的同伴。没想到，岛上什么也没有，只有当年的老房子。原来，这几年，老夫妻先后去世，天鹅来不及飞走，在湖面封冻的时候全都饿死了。而及时离开的天鹅，靠着自身的本领，避免了这种命运。

依赖是一种深厚的感情，故事中的人与天鹅相互依赖，彼此善待，在外人看来这是和谐美满的一幕。有时候我们的爱是对他人的一种回报，但要记得回报应该量力而行，如果你不能保证自己的生存与强大，如何更好地回报对方？如果执着于这种依赖，很可能像故事中的天鹅那样失去生命，这也是一种必须放弃的"痴"。

爱是一种无私的情感，别人给予爱，并不是要把爱当作一种工具。想要报答，首先要明白自己能做些什么，为报答他人而做那些自己力所不能及的事，这样不但不能报答对方，还会让对方有负罪感。生活中，我们要注意感情的平衡，不论是给予还是报答，都不要过度，过度不但会害别人，更会害了自己。

感情太强烈就不易持久，就像火焰燃得太烈很快就会熄灭。这种感情并非不真不美，只是它过了度。不妨在爱的过程中也有一颗平和的心，用一种平和而有节制的态度付出爱，接受爱，这也就成了所谓的"大爱"。懂得大爱的人，不会为一人一事过度执迷，他们的爱往往出现在人们最需要的时候，如春风化雨，恰如其分。

心中无事，何来烦恼

在现实生活中，我们做不到万事皆空，心中常常会有杂念。最大的杂念来自于他人，确切地说，是我们心中杜撰出的"他人"。做一件事，首先想到的不是如何做好，而是他人会怎么看怎么说，或者想如果是他人会怎么开始，做到什么地步。这就是将自己置于他人的阴影之下。总是注意这些，哪还有精力好好做事？

活在别人的目光里是一种痴，这样的人过分看重社会关系和个人形象，把他人的看法当作行动指南和成绩单，很容易因他人的一句话改变主意，更容易沦为他人的附庸。这时候心理也会有莫大的压力，因为凡事不但要想自己更要想他人，他人的意见倘若不一致更让人烦恼。这种"在意"是种自误，应该提醒自己："好好做你的事，管他人做什么？"

唐亮学平面设计，毕业后在一家广告公司工作。唐亮是一个优秀却敏感的女孩，很在意别人对自己的看法。她工作努力，却得不到上司的肯定，心里暗暗着急。

一天，唐亮在洗手间无意中听到上司在打电话，上司带着不屑又烦躁的口吻说："真不明白现在的大学生在学校都学什么，笨得要命，教什么都学不会，做出来的东西根本不能看！"唐亮认定上司在说自己，她想自己很快就要被上司辞退，情绪十分低落。

好在唐亮是个负责任的人，虽然有要被辞退的预感，她仍然认真地做着手头的企划。只是每当同事们聚在一起，唐亮就觉得他们在议论自己的不是；每当上司投来一个眼神，她就觉得上司在琢磨怎么炒她鱿鱼。唐亮把企划书交上去，没想到得到上司和同事的一致称赞，同时，另一位同事被解聘。唐亮这才明白：那天上司抱怨的人并不是自己。

一场虚惊，从此以后，唐亮再也不去自找烦恼，给自己无谓的压力。

很多烦恼都来自于内心的多疑与不自信。就像故事中的唐亮，对自己没有正确评价，一个武断的推论让她烦恼数日，整天让自己生活在马上就要被解雇的压力中。其实事情哪里有那么严重？工作不好上司自然会提醒，做得太糟公司也不会留着你，这么简单的事都看不明白，有压力也是自己的过错。

现代人压力大，总嚷嚷着要减压，事实上他们每天都在给自己增加无谓的烦恼与压力。他们每天都要寻找以下烦恼：今天什么事很难办，肯定办不成；今天什么人让我反感，真讨厌；今天遇到了什么倒霉事，运气真不好；今天又出现了什么样的新麻烦，真是越忙事越多……想要减压的人偏偏给自己找压力，真是自作自受。

明理的人就不会有这种烦恼，他们想的正好相反：今天做成了什么事？是不是遇到了有趣的人？解决了什么麻烦……他们的思维是积极的，自然就不会产生压力。生活中有很多烦恼，我们要争取修炼到这样的境界：放下烦恼，海阔天空。

给心灵留点空间

　　人总是希望心灵能够宁静祥和，又害怕一成不变的生活，每个人都渴望每天都能进步。但是，欲速则不达，自己装得太满，心就成了一个密闭的容器，不但装不了新东西，连旧的东西都无法正常流动，思维也就出现了钝化。

　　如果把人生比作香茶一壶，我们每个人都在滚水般的困境中历练，才散发出香气。人生的价值应该是外向的，所以我们应该学着奉献，就像茶水倾倒自己供人解渴。同时还要记得不要装得太满，这样才能填充新的东西，补充新的滋味。

　　比起肉体的衰老，精神上的停滞更加可怕。一旦思维困在某个角落，那么眼睛就不会注意其他东西，脑子全围绕着一个东西转动，最后成了钟表上的时针，机械呆板，再也没有新意，这就是"痴"的代价。如果能给心灵留点空间，在这个空间里，我们可以站得高一点，想得深一点，看得远一点。也在这个空间，你才能够察觉自己有远离尘嚣的一面。

　　张黎和徐青是一对好朋友。大学时，她们在不同的宿舍，学不同的专业，每周见几次面，每次见面都要给对方一些小礼物，还有说不完的话。她们觉得对方就像自己的亲姐妹一样，只盼望毕业后两个人能够住在一起，朝夕相处。

　　毕业后，张黎和徐青终于能够搬到一起，没想到，她们的相处并不是那么理想。两个人住得近，矛盾就多，难免挑剔对方，发生口角。终于有一天，两个人吵翻了，张黎嚷嚷着说要搬家。一位师姐听说这件事后说："以前你们两个好得像是要穿同一条裤子，怎么毕业没多久就吵翻了呢？有道是距离产生美，你们不用搬家，只要不住在同一间房里，保证没事。"

张黎和徐青没有搬家，只是住到了不同的房间。二人有了各自的空间，关系果然缓和了不少，依然是很好的朋友。

常言道："距离产生美。"这句话是与人相处的至理名言。两个人一旦太接近，缺点就会暴露无遗。不在一起的时候，想到的都是对方的好；朝夕相处之后，看到的都是对方的不好。不要小看人的挑剔，如果人一开始就能懂得宽容，又怎么会有那么多人提倡修身养性？

与他人保持一定的距离并不是件坏事，一朵花远远看着是美丽的，不必非要凑到跟前，连它被虫子咬的黑乎乎的窟窿也看个一清二楚，既让你不愉快也让它难过。除非你已经达到了这样的境界：不管它有什么优点缺点，你能够全盘接受，并依然能欣赏它的美。

人也应该与世界保持一点距离，才能给自己留下转身的空间。与世界保持距离，就是什么事都不要做过头。小说电影里总在重复人生的痴迷，但要记得只有清醒的人才能把握生命，我们都免不了一时痴迷，但到一定程度就要懂得收敛，才有机会获得真正属于自己的东西。

照相的人都有这种体会：镜头只有调到不远不近时，拍出的相片才是最美的。人的生活也是如此，通晓事理的人应该从容地调整自己的镜头，不必那么急迫，放下执念，让心灵始终有个宽阔的所在，在悠然自得中，自有最美的一瞬。

第 12 辑
任你寒冬酷暑，我自静守安暖

有一种情意，虽然远在天边，却是你心底永远的安暖；
有一种陪伴，虽然不在眼前，却能穿越万水千山，在你最
需要的时候，及时出现，赋予你无限的温暖。

能抵御寒冬的，只有温暖

春秋时期，孔子曾经这样教导他的弟子：

"君子想要安身立命，只需记下四个字——恭、敬、忠、信。"

孔子又进一步解释这句话："恭，就是对人真心诚意，这样就不会被周
围的人排斥；敬，就是要尊重别人的个性和习惯，这样才能被他人喜爱；忠，
就是依从本心，有分寸、有原则地做事，这样才让更多的人愿意与你共事；
信，就是讲究诚信，让人信赖。这四点能够让人安身立命，避免灾祸，赢得
尊重，做出一番事业。"

孔子这些教诲，就是人们常说的"大义"。

"义"，是我国古代人们遵循的一种道德规范。"义"代表公正，凡事都要有客观的立场，平等地对待身边的人和事；"义"代表道义，是道德对人们行为的一种要求；"义"代表正义，要求人们拥有正直的人格，不畏外界的压力……孔子以恭、敬、忠、信作为对弟子的要求，就是教导弟子知晓大义，无愧为人。古代人看重义胜过自己的生命，所以有个成语叫"舍生取义"。

　　即使在今天，"义"仍然有广泛的意义。一个人想要有丰富的人生，就要有相应的物质基础，同时也要有相应的精神基础。"义"是一个人的精神内核，人无完人，每个人都有很多缺点，但懂得"义"的人很少偏离人生的大方向。懂得真诚，就能有良好的心态；懂得尊敬，就不会无视他人；懂得忠诚，就不会勉强自己，也不会背弃他人；懂得信用，就能有好的形象。

　　有两个擅长钓鱼的人喜欢在湖边钓鱼。那个湖是一个钓鱼俱乐部常去的地方。这两个人钓鱼技术高，连俱乐部的人都常来与他们切磋。

　　不过，这两个人的性格却不太一样，一个瘦瘦高高，对人爱答不理，别人问十句，他最多答一句。另一个人心宽体胖，爱交朋友，不论别人问他什么，他都热心地教导。他说："钓鱼就是个爱好，大家玩得开心最重要，自己会什么东西也不必藏着，一起交流，共同进步。"

　　不久之后，胖子身边总是围满了人，大家都会跟他亲亲热热地打招呼。瘦子呢，孤单一人在湖边，觉得很闷，渐渐不再喜欢钓鱼。

暖心小语

人心有时就像一床棉被，用体温，用心，就可以温暖。

在日常生活中，我们不会经常听到"义"这个字，甚至以为它已经远离了我们的生活，但仔细观察，"义"仍然存在于大多数人心中。与人为善是一种"义"，无偿地帮助他人也是一种"义"。"义"不必说出来，更无须着意夸奖，它会以最自然的方式作用于人际关系。重义的人身边自然会有很多朋友和仰慕者，他们看上去总是愉快的，反之，难免孤零零落单，遭人排斥。

"义"的高尚在于它的无偿性，这种没有目的的特性能使人与人的关系变得纯净温暖。人心有时就像一床棉被，你刚刚接触的时候，会发现它是冰冷的，如果你这个时候放弃它，那你和棉被就都是冷的。相反，如果你愿意用自己的体温温暖它，很快它也会生出热度，反过来帮你抵御寒冷。

需要注意的是，有些事不要挂在嘴边，特别是"义"这种概念更应放在心中。不论奉献爱心的义行还是援助他人的义举，做比说要好。如果整天把这些概念对别人说，别人难免觉得你太过矫情，只要记得为人要重大义，处世要有义心。始终将他人放在心中，他人自然也会惦记着你的好，所以义者不会孤单。

用信任的清泉，洗涤内心的污垢

一位大臣接到万里之外的家书，家人说他的侄子性格顽劣、行迹浪荡，不管家人如何劝说，依然不务正业。家人希望大臣回来劝劝这个侄子。

大臣接到这封信后即刻起程，赶回家乡。家人团聚，欢天喜地，侄子特意邀请大臣在自己家中过夜。晚上，大臣对侄子说："我接到家书，原为来劝你浪子回头，但我今日看你性格热诚、生性憨实，并不是奸邪之辈，可见众人误解了你。我明日一早便要回返，你要保重自己。"侄子连连点头，连夜为大臣准备行李。

大臣回朝后，又接到家书，家人说侄子脱胎换骨，如今再也不做过去的浪荡之事。

什么是真正的"信"？"信"字应该看两方面，不但要让他人信任，还要信任他人。人非圣贤孰能无过？每个人都有犯错甚至荒唐的时候，但一时的错误并不等于一辈子的错误。就像故事中的大臣，对顽劣的侄子没有说教，只是以自己的行动告诉对方："我相信你的人格。"就是这种无言的相信让犯错的人反省自己，引导人走向正途。

相信他人的悔过，就等于给别人一个改正错误的机会。人人都会有错误，有些人不知道自己有错，这时候你提醒他，是一种信任；有些人知错不改，你指正他、相信他，仍然是信任。信任是对他人人格的最大尊重。如果你信任一个人，即使只是一句言语，也会给人以巨大的力量，让他相信自我，欣赏自我，进而超越自我。

　　森林里的狐狸经常有小偷小摸行为，不是偷鸡就是偷粮食。森林之王狮子将它训斥一顿，然后说："为什么你就不能洗心革面？难道你不想堂堂正正地生活？"

　　狐狸惭愧地低下了头，它在所有动物面前发誓，今后一定不再偷窃。

　　新生活的道路是艰难的，动物们早就把它当成惯犯，谁也不肯相信它。它去花园赏花，猫以为它要偷架子上的葡萄，大喊大叫；它去河边洗脸，鸭子以为它要偷鸭蛋，紧张地盯着它……狐狸在这些怀有敌意的目光下，渐渐开始绝望，决心再干自己的老本行。

　　它准备先偷一只鸡填饱肚子。刚刚打定主意，就看到一只小鸡正在路边哭。狐狸走上去，小鸡说："狐狸先生！太好了，遇到了您。我迷路了，你愿意送我回家吗？"

　　看到小鸡信任的眼神，狐狸觉得很自豪，它立刻打消了吃掉小鸡的念头，将小鸡平平安安地送回家。

暖心小语

信任是清泉，能够洗涤他人心中的污垢。

对那些思想不够坚定的人，行善还是作恶有时候是一瞬间的事，身边的风气好，总有人倡导为善，自然无从产生恶念。但如果身边的人不信任，很容易旧病复发，一错再错。有时候，最好的帮助就是信任与认同，就像故事里的狐狸，感到小鸡真诚的信任，立刻就有了力量。

　　信任是清泉，能够洗涤他人心中的污垢。我们每个人都不完美，在灵魂深处，都有些不为人知的污浊念头。有些人喜欢贪小便宜，遇事就想占点便宜；有些人喜欢造谣生事，听到闲话就想推波助澜……但是，在一双信任的眼睛面前，他们却会收回自己已经伸出去的手，闭上自己已经张开的嘴巴。因为他们知道不能辜负别人的信任，一旦破坏了自己的形象，这种信任就会荡然无存，从此再也得不到他人的信任——他人的信任，无疑是对他们的一种监督。

　　淡泊之人能够坦然地相信他人，即使是骗过自己的人，他们也不吝惜自己的信任，愿意一次又一次给他人机会。他们相信每个人都有自己的不得已，才会欺骗，才会做坏事，只有他人的信任才能让他们重新审视自己的心灵，完善已经有了缺失的人格。重义者要有一颗宽容的心，要相信世界上更多的人和你一样，愿意给予信任。既然他人的信任曾经给过你笑对人生的自信，你也要用自己的信任给人以力量，给人以追求。

心端正了，路就不会有偏差

一位先贤在和三个弟子谈心，他让弟子们分别说一说各人做过的最自豪的一件事。

大弟子说："我对自己最自豪的事是察觉我是个不贪心的人。有一次，有个异国的商人将一袋珠宝放在我这里，他并不清楚里边究竟有多少珠宝。而我原封不动地还给了他，没有拿他一分一毫。"先贤说："这是一个人应该做的，你如果暗中拿了他的宝石，你现在会是个什么样的人呢？"

二弟子说："有一次我救了一个落水的小孩，他的父母拿出厚礼谢我，我分文不取。我认为自己是一个仗义的人。"先贤说："这是你应该做的，假如你见死不救，你会良心不安。"

三弟子说："我一直很自豪我是一个仁慈的人。有一次，我看到一个人就要掉入悬崖，我将他救了起来——这个人是我的仇人，他一直在背地里中伤我，还害过我很多次。"先贤说："以德报怨，的确是值得赞扬的事。不论是难做的，还是易做的，只要不违背自己的良心，都是可贵的，你们三个都有可贵的品质。"

存大义的人必有良心，良心也可以称作良知，是那种被社会认可、被舆论接纳、被自己承认的道德行为准则。这个故事中的三个弟子，他们的作为都从自己良心出发，得到不一样的赞誉。一个人做该做的事，不忘良心，才不会有侵犯的过失；做原来不易做到的事，就更能彰显良心的光芒。其实，在我们的生活中，良心比任何东西都可贵。

一个有良心的人不会侵害他人的利益，因为他会时时提醒自己他人的不易。良心常常与善良相连，不忍心看到他人遭遇不幸，不忍心置困境中的人于不顾，也不忍心让他人陷入危险。有良心的人很少做坏事，因为他们过不了自己这一关，他们害怕会受到良心的谴责，内疚后悔，不得安宁。

良心能够维系人与人之间的感情。社会生活中，人们常常呼唤良知与奉献，法律固然是社会得以正常运转的基础，但人们如果仅仅依照法律条文，不做违法的事，也不在别人需要帮助的时候"多管闲事"，这个社会就会变得麻木而冷漠，生活在其中的人也会渐渐变成有血有肉的机器人。

一位智者和他的弟子在雪地里行走，弟子惊奇地发现，智者的脚印印在雪地上，是一条笔直的线，而弟子们的脚印却歪歪扭扭。他们问："师父，为什么你的脚印是直的，我们的脚印却是歪斜的?"

智者说："那是因为我走路时一直看着远处的那座山，有了这个目标，路就会变得笔直。而你们走路时心有旁骛，东看看西看看，自然就会歪歪斜斜。"

看到徒弟们若有所思，智者继续说："还有人走路只盯着自己的脚，走歪了路还不自知。如果没有固定的目标物，人很容易就走上歪路。"

听了智者的一番话，徒弟们按照智者的说

暖心小语

如果走路时心有旁骛，东看看西看看，自然就会走得歪歪斜斜。

法走路。果然，他们的脚印变得笔直而整齐。

有经验的人常常奉劝后辈："人不怕走错路，最怕走歪路。"错路有回头的余地，而歪路却能让人麻痹大意。因为一直在同一个方向行走，人们察觉不到自己已经有了偏差，继续走下去，偏差越来越大；走得越远，错误就越大，这就是人们所说的"失之毫厘，谬之千里"。

人生的路程也容易出现偏差，因为我们的心不是时时刻刻都能端正。我们常被外界迷惑，灯红酒绿，纸醉金迷，这些都能使我们本来笔直的心开始歪斜，想要放纵自己进行尝试。如果一个人没有原则和底线，极易在诱惑之下迷失自我。

如何才能让双脚走得笔直，让心境始终澄明？故事中的智者说出了答案："要确立一个目标。"这个目标是什么？就是我们对人对事的良心、为人处世的原则。一个人心中要始终都有这样一个准绳，就是凡事不违背自己的本心，与自己的良心相违背的，就算有巨大的利益也不会去做；而那些与原则符合的，即使让自己为难，需要做出牺牲，也要义无反顾。现实生活中，我们大多不会遇到"舍生取义"的机会，所以才更要从点滴小事上注意自己的道德积累，唯有如此，才能成为一个受人尊敬的人。

发现乌云背后的阳光

古代有个国王，他和王后只有一个儿子。这个儿子性格孤僻，整日愁眉不展。国王和王后为了让儿子高兴，供给儿子最精美的衣物、器具、饮食，可儿子仍然闷闷不乐。

这件事急坏了这对夫妻，国王找来全国最有名的智者，请他帮助王子。智者听了情况后对王子说："我这里有一个获得快乐的秘方，你如果按照上面说的去做，就能变成一个快乐的人。"王子听了很感兴趣，对智者说："我希望能得到您的秘方。"

"这个秘方就是——每天做一件帮助别人的事。"

王子决定实行这个秘方，他每天走出王宫，看看有没有需要他帮助的人。有时候，他帮农夫耕地；有时候，他帮花农锄草；有时候，他帮牧民牧马……喜欢王子的人越来越多，王子的朋友也越来越多，他的笑容也越来越多，很快，他成了一个快乐的人。

世事难两全，有阳光就有阴影，优越的生活环境会造就一个人优秀的能力，也能让一个人的心灵产生空虚。当一个人觉得自己什么都有，却又什么都没有的时候，抑郁便不请自来。故事中的王子无疑是个忧郁少年，智者给他开的药方是帮助他人，让他人快乐。

也许我们都和忧郁王子一样掩不住心中的疑问："想要快乐难道不是要从自己身上做文章？为什么要帮助他人？"我们只知其一不知其二，人们保持快乐的方法有两种，一种是自娱自乐，一种是让他人开心，自己也享受到快乐。一个人的快乐只有自己知道，是偷着乐；帮助别人后却能享受着他人感激和钦佩的眼神，这时候心中升起的自豪感让我们立刻找到了自己的价值，认可了自己的能力。

有一个年轻人，大学毕业后回农村继承父母的杂货店，做着普通买卖。他没有什么特长，只有一个特点：脾气好。他的朋友中，有的人性子暴躁，经常大呼小叫，惹是生非；有人嗜酒如命，常常喝得烂醉如泥；还有人孤芳自赏，常常看不起他人……这些人却把年轻人当作好朋友，因为年轻人经常在他们急眼的时候规劝，喝醉的时候搀扶，刻薄的时候一笑了之。人们都不明白年轻人为什么要交这样的朋友，年轻人却说："每个人都有优点和缺点，交朋友看的是自己喜欢的那部分，当然也要容忍别人的缺点。"

后来，年轻人的朋友越来越多，人缘越来越好。当他开始做别的生意时，朋友们有钱出钱，有力出力，他的生意一帆风顺，成就了一番事业。

暖心小语

如果总是发掘别人的优点，世界就变得情趣盎然，随时随地都有快乐。

对自己的要求要严格，对人的要求不用太多，如果只盯着别人的缺点，世界在你眼中一塌糊涂，根本没有乐趣可言；如果总是发掘别人的优点，世界就变得情趣盎然，随时随地都有快乐。与人交往不必计较那些不合自己心意的地方，即使是自己不喜欢的人，该帮助的时候不能推脱，这才叫心胸开阔。更重要的是，你要行得正、做得直，让人信服。

常言道："多个朋友多条路。"当你好心好意帮助了他人，多半会结交一个或多个朋友，因为大家觉得你仗义，想要与你接触，更愿意在你有困难的时候报答你。你的朋友越多，无形中就得到了很多帮手，说不定哪一天，当你为一个难题愁眉不展时，有个朋友一拍大腿说："这事儿我最擅长！我帮你！"互相帮助的人通常能够成为好友，即使不是朝夕相处，至少也能心领神会。

你真诚地帮助别人，是善行，是义举。也许得到帮助的人并没有能力回报你，但会吸引一些欣赏你、与你志趣相投的君子，他们愿意扶助你、与你分担喜悦艰辛，而你也会一一记得，一一感恩。于是善缘善果不断，你的人生自然会比他人更平顺、更舒心。

分享，给幸福加分

一个自私的弟子犯了错误，智者决定惩罚他，派他去一块丰硕的土地挖红薯。弟子没想到会有这么个美差，兴高采烈地在地里挖出一个又一个大红薯。

"师父，犯了错应该受罚，你这哪里是惩罚他？"其他徒弟说。

"我就是在惩罚他，等会儿他回来，你们谁也不要理他，谁也不要跟他说话。如果他跟你们打招呼，你们看也别看。"智者说。

晚上，犯错的弟子背着一筐上好的红薯回来，他很想和人炫耀一下自己的收获。没想到，其他的弟子们看也不看他一眼，他和人打招呼，别人充耳不闻，好像他这个人并不存在。弟子越来越别扭，越来越难受。智者对弟子们说："快乐的心情无法与人分享，就是最大的惩罚。"

人们为什么害怕孤单？是害怕困难的时候没有人帮助？事实上帮助只是辅助，多数时候我们都要靠一个人的力量生存发展；是害怕难过的时候无人安慰吗？自己的痛自己最清楚，就算没有安慰我们依然有坚强的品格……我们真正害怕的并不是一个人做什么，而是做到了什么没有人分享，就像故事里的弟子看上去幸运，收获的却是煎熬。

人生需要分享，没有分享的人生，哪怕面对快乐，那也是一种惩罚。不会与别人分享，最终的结果是自己也享受不到。快乐分给大家就会成倍地增加；悲伤有人承担，伤心也会大幅减少。相反，如果独自一个人沉浸在伤感的情绪中，只会落得郁郁寡欢。不论是成功还是失败，有人分享，快乐就会加倍，失落就会减少。他人的陪伴能够让你宽心，让你坚强。

什么样的人总是拒绝分享？一种是自私的人，一种是亏心的人。自私的人害怕别人分到他的好处，总是藏着掖着，生怕别人觊觎，事实上他们的成就别人并不放在眼里；做了亏心事的人更无法与他人分享，他正被自己的良心指责，更害怕他人知道自己的秘密，从此失去个人形象。这两种人只能在自己的世界里，前者小心翼翼，后者鬼鬼祟祟。

暖心小语

快乐的心情无法与人分享，就是最大的惩罚。

一家公司的大老板即将迎来自己的第 50 个生日，他是个事业有成的男人，但妻子早已跟他离婚，孩子在国外上学，公司的员工们象征性地送他礼物，他身边没有多少朋友，生日当天，他一个人坐在客厅里喝酒。

　　这一天本来是值得骄傲的一天，他牵线研发的新产品打入了国际市场，反响非常好。在公司，他踌躇满志，给所有参与研究和销售的员工发了奖金。但回到家，他却不知该向谁诉说自己的喜悦。他坐在客厅反思自己，他是个暴躁的人，经常乱发脾气，身边的秘书换了不知道多少任。他知道不是别人有问题，是他自己个性太孤僻。究竟什么时候，能结束这种孤独的状况呢？他喝了一杯又一杯，却没有人告诉他答案。

　　值得骄傲的人生不一定是幸福的人生，也有可能充满失意和痛苦。当喜悦的时候端起酒杯，对面却无人愿意和自己干杯，这样的感觉不只是孤独，更是悲凉。故事中的老板到了 50 岁，身边却没有一个愿意与他分享人生的人，就算借酒浇愁，又能浇开多少苦闷？

　　做人要注意与他人的交流与分享，一个善行如果没有人接受，就不能成为善行。在生活中，我们要有一种与他人分享的心态，特别是那些积极有益的事，更要经常惦记他人。这其实也是一种"义"。所谓"义"，简单地说来其实就是把坏的留给自己，好的留给他人。

　　时时刻刻保持一种分享的心态，就像你一个人在夜路上行走，抬起头看到满天灿烂星斗，你觉得很美，这时候如果你能告诉身边的人，才能真正觉得快乐。相反如果身边没有人，你只能自言自语，再多的星星也并不能让你快乐。学会分享，当你一路跋涉，忍受孤苦艰辛，知道前方有人等待着你凯旋时，你才会得到力量，明白旅途的意义。

善因善果，暖若三春

有个姑娘护校毕业，被分配到一家大医院。她成绩优异，很快就成了护士中的佼佼者，后来又成为护士长。她经常给新来的护士讲自己的经历：

"我实习的时候，是个不懂事的孩子，以为当护士只要做好本职工作，拥有优秀的技术就行。有一次，我护理一个病人，病人问我他究竟生了什么病，我认为病人有权利知道自己的病情，就告诉他是肝癌晚期。带队医生知道后严厉地批评了我，他说医生和病人的家属都知道病情，为了让病人有开朗的心情，他们都没有告诉他，希望他能在良好的感觉中走完生命中最后一段路。我将真相告诉了病人，病人整天忧愁，病情更重，很快就去世了。"

"我将这件事告诉你们，是希望你们能有一颗为人着想的心，时时刻刻为病人的心情考虑，这样才不会做出让自己后悔的事。种下善因，才能收获善果，如果种下恶因，只会让自己后悔。"

那么什么是善意？善意不是单纯的好心，机械的重"义"，若不能体会别人的心情，只按照自己的意思行事，就算是好心也会办错事。就像故事中的护士，她以为自己做得对，却造成了一个生命的过早离世。

想做个有善意的人，首先要对他人心存善念。据说成功大师卡耐基小时候常做坏事，他的继母却认为小孩子的教育在父母，坚持说他是个好孩子——这就是以最善良的目光看待他人，即使他人有缺点，也要看到闪光的一面、有潜质的一面。

有善良的眼光还不够，还要有善良的行为。不要按照自己的观念去想别人，而要看别人需要什么。设身处地考虑到别人的心情，才称得上真正的善待。

一位大官六十大寿，达官显贵们都来庆祝。有个与大官交好的商人也来庆祝，他送上贺礼，那贺礼是一幅名家牡丹图，珍贵的丝绢上，一朵朵牡丹栩栩如生，令人惊叹。

在古代，商人一向被人瞧不起，有个官员故意挑刺，指着牡丹图说："奇怪，这牡丹花画得是不错，怎么最上边那朵只有一半？这画不全，不就是'富贵不全'的意思吗？真不吉利。"商人一看，牡丹花果然缺了半朵，只好检讨自己不够认真。

主人听了以后哈哈大笑说："牡丹代表富贵，半朵代表'无边'，这幅画的寓意就是'富贵无边'，这真是一幅好画！"在主人善意的解说下，商人紧皱的眉头才渐渐松开，宾主尽欢。

每个人个性不同，有人心细如发，有人粗心大意。粗心的人做事往往考虑不周，有时会得罪你，有时会耽误你，这个时候如果急躁起来，辜负了他人的美意，也显得自己不够体谅人。故事中的商人送了一份残缺的牡丹图，旁人看着晦气，主人却知道商人的本意，一句"富贵无边"既保住了朋友的面子，也显示了自己的豁达。

及时察觉别人的善意，是人际交往重要的一部分。有时候善意不一定以你想要的方式到来，比如你做错事想要一句安慰，朋友却对你当头训斥一通。这个时候你应该知道朋友的本意是怕你下次继续犯错，千万不要计较善意的形式，最难得的是有人肯关心你，提醒你。

在现实生活中，与人为善即为义。如果我们都能以善意的眼光看待身边的人，生活中不知会减少多少纷争和误会；如果每个人都愿意善待身边的人，我们就会终日生活在温暖的关爱中。一个懂得修心的人从不要求别人什么，他们明白最重要的是自己的行为，善心生善行，善行种善因，如果每个人都能如此，世界便会充满大爱，暖若三春。

尊重，撑起友情的天空

冬天到了，大地一片白茫茫。一只饿了几天的狼卧在一户人家的篱笆下，看门狗跑过来同情地说："老兄，你怎么这么凄惨？这是我从屋里拿出来的肉，你吃了它，休息一下吧。"

狼吃了肉，感激地说："多谢你，要不是你，我一定会饿死。今年冬天的雪可真大。"

狗看着狼瘦弱的样子，说："你要不要考虑替我的主人看家？这样你可以住在温暖的屋子里，每天都有肉片和食物。"狼摇摇头说："不了，狼和狗不一样，如果不能随便走动，每天要拴着链子，我会难受死的！"狗说："我们的确不一样，我更喜欢和主人在一起，互相依靠，互相照顾。不过我愿意和你交个朋友，如果你什么时候找不到东西吃，就来我这里，我会尽量招待你的，只是要注意别让我的主人看到……"

"没问题！"狼开心地说，"你是一个值得交往的朋友，我一定会经常来看你，如果有什么事也不会跟你客气！"

从此，狼经常来看狗，告诉狗很多大千世界的见闻，狗也经常在狼挨饿的时候提供食物，它们虽然志趣不同，依然是一对好朋友。

海内存知己，天涯若比邻。大千世界，每个人都需要朋友。你快乐的时候，他们陪你一起笑；你悲伤的时候，他们借出肩膀让你哭或者陪你一醉方休；你有困难的时候，他们及时伸出手拉你一把。朋友一生一起走，好的朋友是每个人一生最大的财富。

人生在世知己难求，有了好朋友，每个人都想珍惜。但人与人个性不同，朋友之间也会有摩擦和冲突，也有不同的选择和道路，没有人能够自始至终与你保持一致。当你发现对方的不同，需要做的就是求同存异，而不是要求对方做出改变来迎合自己。

就像故事中的狗与狼，它们有各自的生活，但却保持对彼此的关心，分享各自世界里的喜怒哀乐。它们也许始终不能理解对方，但却是快乐的，这份不一样的陪伴让它们增长见闻，体会了另一种人生。最重要的是它们知道，有困难的时候对方一定会帮助自己，

暖心小语

好的朋友为你付出，为你指路，为你保留一方友善的天空。

孤单的时候对方一定会来安慰自己——心灵上的陪伴，正是友情的真谛。而求同存异，是友情的基础。

英国是个讲究绅士风度的国家，在那里，每个人从小就受到尊重他人的教育。

一次，一位贵族邀请一位亚洲客人到家里做客。这位贵族家里很讲究，用餐前需要用柠檬水洗手。当清亮的柠檬水被端到客人面前，客人以为这是用来喝的，为了感谢主人的热情，客人端起精美的小盆子一饮而尽。当时还有很多客人在场，看到这一幕，都很吃惊。

主人没有纠正客人的错误，为了照顾客人的面子，他也把面前的柠檬水端起来，喝得一滴不剩。其他客人看了，也喝掉了面前的柠檬水。大家都赞叹主人的素养，既避免了客人的尴尬，又让晚宴顺利进行。

对待朋友，我们需要求同存异，求同存异代表一种对对方人格习惯的尊重。这种尊重应该存在于一切行为中，与陌生人交往更是如此。故事中的英国贵族看到客人弄错了用餐规矩，他想到的并不是纠正——为什么让客人为一件自己并不了解的事当众出丑呢？这位贵族有真正的绅士风度，相信在场所有人都会觉得他是个值得深交的人。

人与人不同，永远不要希望对方和你一样，你坚持的未必是正确的，他人的行为就算你看不顺眼，也不一定是错误。你能够容忍的差异越多，择友范围就越广，也能与更多的人友好相处，因为你对人的尊重与理解，好像一道阳光，照得人心里舒服。

人生在世，哪个人能缺少朋友？好的朋友为你付出，为你指路，为你保留一方友善的天空，这是你一生的财富。正因如此，对待朋友，你要付出更多的耐心与宽容，才对得起你们之间珍贵的情谊。永远不要挑剔朋友，朋友的优点会让你一生受益，朋友的关怀会让你时刻温暖。

帮助是寒冬中的一把火

古时候，有个书生走在大路上，发现一条小鱼陷在深深的车辙里。车辙里的水已经干涸，小鱼奄奄一息，看到书生，它挣扎着说："善良的书生，请你救救我，别让我渴死。"

书生同情小鱼，对它说："你真可怜，我这就去禀告国王，开凿水渠，将大河和东海的水引到这里，这样你就可以自由自在地生活了。"

小鱼骂道："你随便舀一瓢水给我，就能救我一命，可是你却在这里夸夸其谈，等到你说的水渠开凿完毕，我早就渴死了。你真的要救我吗？"

小鱼马上就要渴死，路过的书生发下宏愿，要给小鱼开凿水渠。想要帮助他人是件好事，但要知道远水不解近渴，有心不一定就能帮助人，用错方法也帮不了人。就如在沙漠里干渴的旅人，海市蜃楼再美，也不能让他解渴，切莫让自己的好心成了他人的海市蜃楼。

一个重视他人、关心他人的人，必然有爱心，愿意帮助他人。但帮助也需要头脑，别人需要帮助的时候你去帮助，人家感激你；别人不需要帮助的时候你非要帮人家做事，别人会认为你无事献殷勤，别有所图。可见好心应该有，但要放对地方。

　　张先生路过街边的广场，听到一阵阵叫骂声，走近一看，才发现广场上有一群孩子在打架。其中一个孩子被打翻在地，其他孩子上去拳打脚踢，被打的孩子发出呼救声，其他的孩子不管不顾，不肯停手。直到地上的孩子再也爬不起来了，其他孩子才扬长而去。

　　张先生心生同情，就从口袋里拿出手帕，上前想要扶起那个孩子，孩子却说："我不需要你的帮助，刚才你明明看到了他们在打我，你只要出言制止，就可以让我不再挨打。可是你没有说话。你以为我现在需要一条包扎伤口的手帕吗？"张先生听了，惭愧不已。

　　在他人需要的时候提供帮助，是雪中送炭。人们怀念的是寒冷时候的炭火，而不是热闹时候的一朵鲜花。故事中的张先生显然犯了这个错误，所以他得到的不是感激，而是轻视。

　　当然，我们帮助别人的目的并不是为了让人怀念，而是为了自己的善心。但善心不能以正确的方式及时表达，对他人对自己都是一种遗憾。既然相信人与人之间的感情，选择帮助别人，那就要将这件事做好。帮助别人不但要帮到底，帮助别人也要帮得好、帮得对。

　　在我们的生活中，每个人都需要他人的帮助，将心比心，我们需要的究竟是什么样的帮助？首先我们不需要那种全权代办式的

暖心小语

人们怀念的是寒冷时候的炭火，而不是热闹时候的一朵鲜花。

帮助，这种与溺爱无异的关心会让我们无法亲力亲为，无法得到克服困难的能力，让我们只能依靠别人；我们也不需要那种带有附加条件的帮助；我们更不需要那种说着帮助，却在一边袖手旁观的朋友；还有一种帮助更让我们头疼，就是有些人不了解情况，好心办错事。总结了这么多，你应该知道如何帮助他人：不越俎代庖，不索取回报，不隔靴搔痒，更不要拖人后腿，这就是真正的帮助。

送人光明，手中留光

有个人家里很穷，缺衣少食，过着清贫的生活，就连用来挑水的木桶都是残缺的，每次挑一桶水会漏掉小半桶。这一天，木桶对穷人说："我真不明白，你面黄肌瘦的，就像我一样，明明已经坏了，为什么还要辛苦地工作？"

穷人说："难道你认为自己很没用吗？"

"当然，我每天盛水有半桶洒在道上，你说我有用吗？"

"那么你有没有发现，在你经过的地方，花草长得特别好？就是因为你是漏的，才滋润了它们。"穷人说。

听了这番话，木桶若有所思。第二天，木桶仔细观察自己经过的路，果然一路繁花，春意盎然。

生活的高速运转让我们不能停下来看看别人，我们经常听到人们感叹人情冷漠，人与人的距离越来越远，在大城市再也找不到那种邻里之间把酒闲话的场面。或者可以说，更多时候，人们关注的是自己，以及自己的利益。

一颗自私的心无法体会真正的感情，与其感叹人情味越来越淡薄，不如看看自己都做了什么。你愿不愿意常常关心他人的心情和需要？愿不愿意为公益奉献一分力量？愿不愿意听人倾诉、给人帮助？愿不愿意在心情不佳的时候克制自己的脾气，为的是不影响到别人？给予有很多种方式，为他人着想是它的内核，懂得给予的人才能懂得真情。

送人光明，手中留光。给予让人越发明白感情的珍贵，当你帮助别人时，你听到的是感恩的话语；当你安慰别人时，你看到了止住泪水的眼睛；当你关心别人时，你感受到对方内心散发的幸福……给予他人，你能够得到的并不是利益，而是他人的一张笑脸，但这张笑脸却能给你真正的发自内心的满足。

一个吝啬的富翁总觉得生活中少了点什么，他的妻子经常劝他："金满筐，银满筐，到头不过一土筐。你有这么多钱，不如接济邻里，行善积德。"富翁总不把妻子的话当一回事。

这一天，富翁又在闷闷不乐，妻子对他说："你不如站在窗户旁看一看外面。"富翁说："外面有很多人，挺有意思。"妻子说："你再站在镜子前看一看。"富翁说："只有我自己。"妻子说："人的心就像玻璃，本来是内外通透的，一旦你涂上一层银，就只能看到自己。"

富翁思索了几天，终于想开了。从此他按照妻子说的，常常把家里的粮食、钱财送给有困难的人。久而久之，他的名声越来越

暖心小语

懂得给予的人负担会越来越少，心灵上的拥有则会越来越多。

好，喜欢他的人越来越多，他也渐渐享受到内心的安乐。

　　生活中有很多不能缺少的东西，衣食住行不可缺少，亲友家人不可缺少，快乐的心情同样不可缺少。有善心的妻子劝富翁积德行善，就是让他不要只看着自己，要与他人多多分享，他得到的不只是一份好名声，还有越来越开阔的心境和越来越平和的性格。

　　快乐来自分享而不是占有，情谊来自给予而不是吝啬。懂得给予的人负担会越来越少，心灵上的拥有则会越来越多。他们得到的不仅仅是旁人的感激，还有帮助他人之后的充实感，这种充实能让一个人由内到外欣赏自己。因为善良，因为给予，因为对他人的关怀，使你的整个生命提高到一个新的层次，不是为小我，而是成就大我，你的人生自然焕发别样的光彩。

　　聪明之人重视人与人之间珍贵的情谊，他们喜欢把美好的事物与人分享，让每一个人切实地感受到快乐，即使自己一无所有，他们也觉得自己是幸福的。名利迷人眼，难得的是这一份情怀，让心灵始终浸润着清风明月，从不失落。

与高山相交的，是清澈的溪流

古时候，管宁和华歆是一对好朋友，他们二人每日一起读书，关系十分亲密。

有一次，管宁和华歆在花园里锄地，刨出一块金子。管宁对金子视而不见，华歆却捡起来细细观看，露出贪婪的神色。他见管宁不说话，连忙将金子扔掉说："君子不爱财。"

又有一次，管宁和华歆一起坐在席子上读书，外面传来一阵喧哗，是一位大官的车队经过。华歆立刻扔下书本，跑到门外观看大官的排场，十分艳羡。他正想回头让管宁一起来看，却看到管宁拿出一把刀，将他们坐的席子从中间一分为二。

"你这是在做什么？"华歆问。

"道不同不相为谋，我们追求的东西不一样，从今天起我不再是你的朋友。"管宁回答。

"管宁割席"是我国有名的历史故事，生动地说明了何谓"道不同不相为谋"。管宁选择朋友的标准很严格，他希望自己的朋友不仅仅是个书生，还是个不醉心于名利，不贪恋于富贵的君子。友谊的最高境界是一曲《高山流水》，如果是污浊的小溪，哪里会与巍峨的高山相交相惜？交友如此，对待生活中形形色色的人，也要有基本的原则。

人以群分，想做一个重义的贤者，就要结交那些心地磊落、行为端正的君子。跟这样的人在一起，耳濡目染，日子久了自然心领神会。看到的想到的都是高尚的，自己做起来就不会偏离。如果整日与汲汲营营之人为伍，自己也会成为苍蝇群中的一只，藏污纳垢，渐渐失去本心，变得污浊不堪。更可怕的是，你未必能察觉到自己的改变。一个人若想远离堕落，就要远离那些行为不检点、品德不过关的人，否则有百害而无一益。

一头驴子和一个金色的铃铛成了朋友，铃铛就系在驴子的脖子上，驴子走路的时候，铃铛就发出清脆的响声和它说话，它们每天都很快活。当驴子拉着沉重的货车返回村庄时，铃铛会故意发出很大的声音，让周围的人都看过来。人们发现驴子勤勤恳恳在劳动，都忍不住夸奖："这真是一头好驴子！"驴子很喜欢这个朋友。

一次，驴子看到菜园里的青菜冒出头，它吞吞口水，把头探进菜园，想要吃点鲜嫩的叶子，没想到铃铛突然大声叫了起来。菜园主人听到声音，拿着一条皮鞭冲了出来，将驴子打了好几下，驴子慌忙逃跑。

跑到安全的地方后，驴子埋怨铃铛："你真不够朋友！怎么能提醒别人来打我！"

"朋友相处要有原则，我这是为你好！"铃铛严肃地说，"好朋友固然要帮助你，在你犯错误的时候，更应该提醒你！"

暖心小语

有人说最难说的话就是真话，因为真话有时伤人，说出口就会得罪人。

有人说最难说的话就是真话，因为真话有

时伤人，说出口就会得罪人。故事里的铃铛在驴子犯错误的时候大叫，让驴子恼怒，但真正关心你的人不怕得罪你，如果因为别人的一句实话就大动肝火，只能说明你的心胸太过狭窄，没有雅量更没有进步的需要。

很多人碍于情面，从不给你提意见，对你的缺点视而不见。这样的人也许会让你感到舒服，对你却没有什么好处。真正关心你的人敢于坚持原则，他们不会因为你的喜好而退步，更不会放过你的错误。只有和这样的人在一起，接受他们的监督和教诲，才能不断完善自我——比起得罪你，他们更怕你今后吃亏，这才是真正的关心。

人生在世，应该重视和谐的人际关系、高尚的交流氛围。与人交往，在乎他人的品性，主动远离那些举止有违道义的人。要知道心灵如同一面镜子，上面纤尘不染，看到的便是完整的自己；如果上面污浊不堪，看到的只是一团黝黑。一个人自己要重视大义，修养品德，更要结交那些令名君子。有美德傍身，有知己相伴，这样的人生永远不会孤独。